Bewusstsein und optimierter Wille

Helmut Pfützner

Bewusstsein und optimierter Wille

Springer Spektrum

Univ. Prof. Dr. Helmut Pfützner
Institut EMCE – Biosensorik
Technische Universität Wien
Wien, Österreich

ISBN 978-3-642-54055-4 ISBN 978-3-642-54056-1 (eBook)
DOI 10.1007/978-3-642-54056-1

Die Deutsche Nationalbibliothek verzeichnet diese Publikation in der Deutschen Nationalbibliografie; detaillierte bibliografische Daten sind im Internet über http://dnb.d-nb.de abrufbar.

Springer Spektrum
© Springer-Verlag Berlin Heidelberg 2014

Das Werk einschließlich aller seiner Teile ist urheberrechtlich geschützt. Jede Verwertung, die nicht ausdrücklich vom Urheberrechtsgesetz zugelassen ist, bedarf der vorherigen Zustimmung des Verlags. Das gilt insbesondere für Vervielfältigungen, Bearbeitungen, Übersetzungen, Mikroverfilmungen und die Einspeicherung und Verarbeitung in elektronischen Systemen.

Die Wiedergabe von Gebrauchsnamen, Handelsnamen, Warenbezeichnungen usw. in diesem Werk berechtigt auch ohne besondere Kennzeichnung nicht zu der Annahme, dass solche Namen im Sinne der Warenzeichen- und Markenschutz-Gesetzgebung als frei zu betrachten wären und daher von jedermann benutzt werden dürften.

Gedruckt auf säurefreiem und chlorfrei gebleichtem Papier.

Springer Spektrum ist eine Marke von Springer DE. Springer DE ist Teil der Fachverlagsgruppe Springer Science+Business Media
www.springer-spektrum.de

Zum Buch

Das Fehlen des freien Willens – so die Sorge der Dualisten – entwürdigt den Menschen. Der Text belegt das Gegenteil: Das Fehlen macht den Menschen robust und verlässlich. Dazu entwirft das Buch ein auf schrittweise optimierenden Vorgängen basierendes biophysikalisches Iterations-Modell, das die elementaren Funktionen des Gehirns in konsequenter Weise interpretiert.

Aus nüchterner Sicht der Biophysik ist es die hohe Konzentration von spezifischen Neuronen, die das höchst physische Phänomen des Bewusstseins entstehen lässt. Voraussetzung dafür ist, dass „Vehemenz" des Denkens aufkommt. Bewusstsein ist kein Produkt der Evolution, sondern ein den Naturgesetzen a priori zugegebener Faktor. Der ist zwar beschreibbar, doch nicht erklärbar – ebenso wenig wie Magnetismus oder Gravitation.

An die Stelle von „freiem" Willen rückt „optimierter" Wille: Das von Ererbtem und Erworbenem geprägte Ich bestimmt das Handeln und Denken in optimierter Weise, gemeinsam mit Einflüssen der Umwelt.

Vorwort

Der Mensch – so scheint es – ist zum Dualisten geboren. Seit Menschengedenken empfindet er sich als Symbiose zweier einander wesensfremder Komponenten. Da ist zunächst der materielle Organismus. Ihn glauben wir erklären zu können – wohl zu Unrecht. Doch zum wahren Menschen bedarf es auch dessen, was wir über Jahrtausende hinweg als mentale Seele oder Psyche bezeichnen. In der Antike hatte man der Seele viele Funktionen zugeordnet, einschließlich jener der Atmung. Erkenntnisse der Hirnforschung aber führen zu einer kontinuierlichen „Auslagerung" von Zuständigkeiten. Eine kompakte Definition der Aufgabenzuteilung findet sich in der 259. Auflage von Pschyrembel's berühmtem „Klinischen Wörterbuch". Die Seele (Psyche) wird dort für drei Funktionen verantwortlich gemacht:

für Fühlen, Denken und Wollen.[1]

Doch der Begriff der Seele verliert an Bedeutung. Bezeichnend ist, dass er in neueren Auflagen nicht mehr aufscheint. Nur wenige Jahre sind vergangen, und die Seele ist ins Out geraten.

---
[1] *Pschyrembel* (2002) Klinisches Wörterbuch. De Gruyter, Berlin, S. 1521.

Der vorliegende Text beleuchtet die Problematik erstmals aus der Sicht der Biophysik. Aus ihrer Perspektive – so werden wir sehen – ist die Zuständigkeit der Seele noch viel mehr begrenzt. Und so trug eine frühere Version dieses Buches die Bezeichnung „Die faule Seele". Durch den nach physikalischen Gesetzen funktionierenden Körper – einschließlich seines Nervensystems – ist sie in zunehmender Weise von jenen Funktionen entlastet, die ihr in früheren Zeiten zugeschrieben wurden.

Ein beträchtlicher Teil moderner Wissenschaftler neigt dazu, das Mitwirken einer Seele[2] völlig zu verneinen. Materialisten gehen davon aus, dass das Bewusstsein – als Vermittler des Fühlens – aus der Komplexität des neuronalen Systems resultiert. Selbst Computern wird die Möglichkeit der Bewusstwerdung zugeschrieben. Somit ist auch die Frage nach *freiem* Willen obsolet. Der Mensch wird zur materiellen Maschine, die voll und ganz nach physikalischen Gesetzen funktioniert.

Die Leugnung freien Willens gilt als weitgehender Konsens moderner Hirnforschung. Kritik kommt von Dualisten, die eine Herabminderung der menschlichen Würde erkennen wollen. Dies mag der Grund dafür sein, dass prominente Forscher die konsequente Aufarbeitung fehlender Willensfreiheit meiden. Wie im Folgenden an vielen Beispielen gezeigt wird, entfliehen sie in verschiedenste Varianten des sogenannten Kompatibilismus: Der Anspruch auf Kausalität wird soweit reduziert, dass (schein-

---

[2] Hier wird der Begriff der Seele verwendet, da er wissenschaftlich gesehen weitgehend unbelegt ist. Hingegen ist der Begriff der Psyche etwa im Sinne der Psychologie wesentlicher Bestandteil der Nomenklatur. Psyche lässt sich nicht verneinen.

bare) Kompatibilität zum subjektiven *Empfinden* freien Willens entsteht. Deutungen erschwerend, spricht die Literatur fast ausschließlich von „bewusster Handlung". Damit fehlt die im vorliegenden Text konsequent getroffene, sehr wesentliche Unterscheidung zwischen „vom Bewusstsein gesteuerter Handlung" im Sinne des freien Willens und „Handlung mit – nachfolgendem – Aufkommen von Bewusstsein".

Der vorliegende Text beleuchtet die Thematik aus der Sicht der Biophysik. Es handelt sich um eine Disziplin, die sich höhere Leistungen des Gehirns a priori nicht zum Schwerpunkt setzt. Demgegenüber aber kann sie naturwissenschaftlich exaktes Denken für sich in Anspruch nehmen. Für die Aufarbeitung des philosophisch ausufernd behandelten Themas seelischer Funktionen mag damit ein entscheidender Vorteil gegeben sein. Ein Anliegen des Textes ist eine systematische Vorgangsweise bei Verzicht auf jegliche Form der Abschweifung. Die Diskussion erfolgt im Rahmen von etwa vierzig Unterkapiteln, die in sich weitgehend geschlossen sind. Jedem Unterkapitel ist eine Zusammenfassung seiner wichtigsten Aussagen vorangestellt. Die wesentlichsten Thesen des Textes werden im speziellen Kontext einzelner Abschnitte wiederholt. Das soll ihre Schlüsselrolle verdeutlichen; auch soll es ihre kritische Beurteilung herausfordern.

Der Text gliedert sich in vier Kapitel. Zunächst behandelt das Kap. 1 grundlegende Phänomene, die bezüglich einer physikalischen Deutbarkeit außer Zweifel stehen. Der Schwerpunkt liegt auf elektromechanischen, molekularen Funktionen, die als „biologisch" vom „technischen" abgerückt erscheinen mögen, tatsächlich aber physikalisch/chemischen Theorien voll entsprechen. Im Besonderen werden jene Mechanismen neuronaler Erregung aufgezeigt, in welche die von Dualisten postulierte freie Willensbildung einzugreifen hätte. So entsteht eine fundierte Basis für die nachfolgenden Diskussionen von Bewusstsein, Denken und Willensbildung.

Am Beginn des Kap. 2 steht der Einlauf sensorischer Signale in das Gehirn. Neuronale Verarbeitungen im Sinne von Assoziation, Speicherung, Steuerung und Reaktion werden mit dem (hier verallgemeinerten) Konzept sogenannter Engramme gedeutet. Es handelt sich um die Einschreibung von Pfaden bevorzugter Erregbarkeit in das Milliarden von Neuronen umfassende Netzwerk des Gehirns. Bewusstwerdung wird als biophysikalischer, *physischer* Faktor interpretiert, der nicht weniger unerklärlich ist als etwa die *physikalischen* Phänomene des Magnetismus und der Gravitation.

Die im Kap. 3 intensivierte Modellierung inkludiert iterativ gedeutete – zeitintensive – Vorgänge des Denkens und der Willensbildung. Im Brennpunkt steht ein biophysikalisches Iterations-Modell zur Deutung dieser sehr wesentlichen höheren Funktionen des Gehirns. Es berücksichtigt aber auch die mannigfaltige Verarbeitung sensorischer Informationen und ihre Überführung in motorische Reflexe, Reaktionen und Handlungen. Die Anwendbarkeit des Modells wird an zahlreichen Beispielen illustriert, unter anderem der Deutung des Schlafgeschehens. Letztlich beschreibt das Modell auch iterative Rückwirkungen vonseiten unserer Umwelt, und auch evolutionäre Formungen unserer Persönlichkeit im Sinne von langfristigen Adaptionen des Gehirns.

Das Kap. 4 konzentriert sich auf die zeitliche Entwicklung von als willentlich empfundenen Handlungen und Gedanken. Vom Bewusstsein gesteuerter *freier Wille* erweist sich als physikalisch inkompatibel und obendrein als kaum erstrebenswert. An seine Stelle wird *optimierter Wille* gesetzt, als Ausdruck der Gesamtheit ererbter und erworbener Engramme – und damit des individuellen Ichs, in optimierter Wechselwirkung mit der Umwelt. Als vom physikalischen Geschehen ausgeklammerter Faktor verbleibt das *Bewusstsein* – als Restfunktion dessen, was man als Seele bezeichnen mag, das tatsächlich aber Bestandteil der Physis ist.

Erklärtes Ziel des Textes ist es, ein konkretes Modell zur Diskussion zu stellen. Es möge zur Durchleuchtung seiner Schwächen anregen – vor allem aber zum Studium der Konsequenzen des Modells. Beim Verfassen des Buches war es ein primäres Anliegen, Lesbarkeit für alle beteiligten Disziplinen zu schaffen. Beiträge zur vorliegenden Problematik kommen von der medizinisch orientierten Hirnforschung und der Philosophie, aber auch von anderen Fachgebieten wie Psychologie und Physiologie. Freiheit der Willensbildung hat letztlich auch Relevanz für grundlegende Aspekte der Rechtsprechung. Die fachübergreifende Diskussion impliziert das Problem, generelle Verständlichkeit zu erzielen. Zu ihrer Unterstützung bedient sich der Text einer gestrafften Nomenklatur. Fachliche Begriffe werden definiert und in der Folge in konsistenter Weise weiter verwendet. Fachlich wenig versierte Leser mögen die Lektüre mit zusammenfassenden Abschnitten beginnen, um das Endziel der Überlegungen vor Augen zu haben.

Seinen Freunden und Kollegen dankt der Autor für konstruktive Kritik am Manuskript.

Wien, im November 2013

Prolog –
Vom „bewussten" Gehen

Ich gehe. Weil ich gehen will. Aus freiem Willen heraus? Weil es mein mentales Ich so will – mein Geist, meine Seele? Oder ist es ganz einfach dieser schlicht materielle Körper, den es dazu drängt, sich zu bewegen?

Nun stehe ich. Weil ich stehen will? Oder weil ich keinen Willen habe, noch weiter zu gehen? Oder sind es ganz andere Gründe, die mich stehen lassen?

Langes Stehen ist mir gegen den Sinn. Und so beschließe ich, weiterzugehen. Ganz bewusst setze ich einen Schritt. Nach traditioneller Denkweise ist es mein Geist, der den Schritt einleitet. Dualisten würden sagen, es ist mein selbstbewusster Geist, mein Bewusstsein, das auf den Körper in entsprechender Weise einwirkt: Es generiert neuronale Impulse im Gehirn. Das Netz der Neuronen lenkt sie an die Muskulatur der Beine. Und ich beginne zu gehen. Aus freiem Willen, vom Bewusstsein gelenkt. Die Sensoren des Körpers – Tastsinn, Augen, Ohren – vermitteln die aus der Bewegung resultierende (relative) Veränderung der Umgebung und sie sorgen dafür, dass die Schritte ausgewogen gesetzt werden. Und so gehe ich, mit harmonischem Gang, allen Unregelmäßigkeiten des Weges zum Trotz.

Die obige Interpretation klingt schlüssig, und es fällt uns leicht, sie zu akzeptieren. Vom Instinkt her weniger akzeptabel erscheint uns jene Interpretation, wie sie aus dem im Weiteren entwickelten Modell der Biophysik resultiert: Gehen statt Stehen, das ist begründet durch mein Ich – angeboren und anerzogen, und geformt durch sinnliche Erfahrung, durch Resultate des Denkens, als komplexe Verarbeitung neuronaler Erregung. Und das Bewusstsein registriert das Weitergehen, ohne Erstaunen zu vermitteln – weil bewegtes Gehen meinem Wesen eben voll entspricht.

Die Frage ist nun, welche der beiden Deutungen der Realität näher kommt. Versuche einer Beantwortung liefert vor allem die Philosophie. Schon Aristoteles hat sie angestellt, und nach ihm versuchten es so gut wie alle anerkannten Philosophen – wozu noch viele Zitate folgen. Was aber die Philosophie kaum hinterfragt, das ist die Kompatibilität mit dem physiologischen Nervensystem. Der vorliegende Text entwirft dazu ein biophysikalisches Modell.

Als grundlegendes Problem hat das Modell zunächst zwei Umstände vereinbar zu machen: Neuronen des menschlichen Nervensystems sind durch kurze Impulslaufzeiten von Millisekunden charakterisiert. Die neuromuskuläre Steuerung eines Gehvorgangs verläuft entsprechend schnell. Die Abwägung hingegen, ob ein mit Gefahren verbundener Schritt gesetzt werden soll, kann einen mehrere Sekunden dauernden Denkvorgang inkludieren. Er wird durch iterative, in sich geschlossene Erregungsabläufe gedeutet.

Die danach behandelte Gretchenfrage ist, ob das Bewusstsein in der Lage ist, elektrische oder mechanische Vorgänge auszulösen, wie sie zum Zustandekommen des koordinierten Gehens benötigt werden. Und wenn nicht, so ist zu diskutieren, warum wir trotz allem *fühlen*, dass wir unsere Schritte aus freiem Willen setzen. Und letztlich fragt es sich, ob es wirklich des freien Willens bedarf, uns zu diesem wundervollen Menschen zu machen. Wir werden zur Erkenntnis kommen, dass die Optimierung des Menschen nicht in spontaner Willkür von Handeln und Denken liegen kann. Stattdessen ist es das Einfließen des gesamten geerbten und erworbenen Ichs, das uns *optimierte* Schritte tun lässt. Sie können in die falsche Richtung lenken – doch für unser Gehirn als Zentrum des unvollkommenen Ichs waren sie unter den gerade gegebenen Konstellationen die als am besten befundene, optimale Lösung.

Abkürzungsverzeichnis

Abkürzungen

AG	Arbeitsgedächtnis
ANN	artificial neural network (künstliches neuronales Netz)
ATP	Adenintriphosphat
BCI	brain computer interface
BMF	bewusstes mentales Feld (nach Libet)
DNA	Desoxyribonucleinsäure
EEG	Elektroenzephalographie
EMG	Elektromyographie
EPSP	exzitatorische postsynaptische Potenzialdifferenz
IPSP	inhibitorische postsynaptische Potenzialdifferenz
KZG	Kurzzeitgedächtnis
LZG	Langzeitgedächtnis
MEG	Magnetoenzephalographie
NMR	nuclear magnetic resonance (Kernresonanz)
NN	neuronales Netz
PET	Positronenemissionstomographie
REM	rapid eye movement
RNA	Ribonucleinsäure

SBG selbst-bewusster Geist (nach Eccles)
TOF time of flight (PET-Variante)

Abkürzungen der Module des Nervensystems

[A]   Afferenz
[B]   Bewusstsein
[E]   Efferenz
[G]   Gehirn
[GS] Gedächtnisspeicher
[HV] höhere Verarbeitung
[IV] iterative Verarbeitung
[M]   Motorik
[MV] motorische Verarbeitung
[MS] motorischer Speicher
[RM] Rückenmark
[S]   Sensorik
[SV] sensorische Verarbeitung
[U]   Umwelt

Inhaltsverzeichnis

1 Voraussetzungen ... 1
1.1 Hirnforschung versus Philosophie ... 1
1.2 Abstraktion des Nervensystems ... 6
    1.2.1 Neuronale „Module" ... 6
    1.2.2 Funktionelle Aspekte ... 9
1.3 Erregbare Zellen ... 11
    1.3.1 Allgemeines ... 11
    1.3.2 Physikalische Funktionsabläufe ... 16
1.4 Verknüpfende Synapsen ... 20
    1.4.1 Allgemeines ... 20
    1.4.2 Funktion der Synapse ... 23
    1.4.3 Konsequenzen des Synapsenverhaltens ... 25
1.5 Muskeln und Motorik ... 26
    1.5.1 Mechanismen von Erregung und Kontraktion ... 26
    1.5.2 Dosierung der Kontraktion ... 32
1.6 Registrierung neuronaler Erregungen ... 34
    1.6.1 Elektroenzephalographie (EEG) ... 34
    1.6.2 Brain/Computer-Interfaces (BCIs) ... 38
    1.6.3 Magnetoenzephalographie (MEG) ... 39
    1.6.4 Kernresonanz (NMR) ... 40
    1.6.5 NMR-Spektroskopie ... 45
    1.6.6 Positronen-Emissionstomographie (PET) ... 46
Literatur ... 48

2 Sensorische Signale und ihre Bewusstwerdung 51

- 2.1 Neuronale Vernetzung sensorischer Signale ... 51
  - 2.1.1 Neuronale Grundschaltungen 51
  - 2.1.2 Zeitliche und räumliche Kontrastierung 55
- 2.2 Einlauf sensorischer Signale in das Gehirn 57
  - 2.2.1 Bereiche des Gehirns 57
  - 2.2.2 Funktionelle Verarbeitung 60
- 2.3 Engramme als Bausteine der Funktion und Logik 63
  - 2.3.1 Das Gehirn als neuronales Netz 64
  - 2.3.2 Konzept des Engramms 66
  - 2.3.3 Verallgemeinerung des Engrammbegriffs 68
- 2.4 Arbeits- und Langzeitgedächtnis 69
  - 2.4.1 Allgemeines 69
  - 2.4.2 Langzeitgedächtnis 72
  - 2.4.3 Arbeitsgedächtnis 74
- 2.5 Erinnern und Vergessen 75
  - 2.5.1 Aspekte der Konsolidierung 76
  - 2.5.2 Gezieltes Vergessen 78
- 2.6 Engrammschleifen als Basis des Denkens 79
  - 2.6.1 Denken als iterativer Prozess........ 80
  - 2.6.2 Kurzzeit- und Langzeitprozesse 82
- 2.7 Phänomene des Bewusstseins 84
  - 2.7.1 Wesen und Sinn der Bewusstwerdung . 84
  - 2.7.2 Lokalisierbarkeit des Bewusstseins 86
  - 2.7.3 Zeitliche Aspekte der Bewusstwerdung 88
- 2.8 Dualistische und materialistische Deutungen des Bewusstseins 93
  - 2.8.1 Dualistische Modelle 94
  - 2.8.2 Materialistische Modelle 97
- 2.9 Ein Modell zur Relativierung der Bewusstseinsproblematik 100
  - 2.9.1 Zur Problematik physikalischer Kompatibilität 101
  - 2.9.2 Bewusstsein als physischer Faktor 105

2.9.3	Bewusstsein als Gegenstand der Mathematik?	107
2.9.4	Resümee	110
2.10	Modell rückwirkungsfreien Bewusstseins	112
2.10.1	Denken als Substrat des Bewusstseins	112
2.10.2	Zur Problematik der Rückwirkungsfreiheit	115
2.10.3	Sinnhaftigkeit des Bewusstseins	117
2.11	Schlussfolgerungen zum Kapitel 2	121
Literatur		123

3 Modellierung höherer Hirnleistungen … 127

3.1	Herkunft motorischer Signale	127
3.1.1	Drei Ebenen der Komplexität	128
3.1.2	Reflexe	130
3.1.3	Reaktionen	132
3.1.4	Handlungen	134
3.2	Handeln mit freiem Willen?	135
3.2.1	Modelle des Dualismus	136
3.2.2	Beschränkte Freiheit im Sinne der Vetofunktion?	139
3.3	Naturgesetze contra Willensfreiheit	142
3.3.1	Das Dilemma fehlender Kompatibilität	142
3.3.2	Kompatibilität durch Nano-Prozesse?	147
3.4	Freier Wille als Illusion	149
3.5	Iterationsmodell höherer Hirnleistungen	154
3.5.1	Die Organisation des Modells	154
3.5.2	Modellierung von Denken und Gedächtnis	158
3.5.3	Modellierung der Motorik	159
3.5.4	Modellierung der Bewusstwerdung	160
3.6	Beispiele zu Funktionen des Iterationsmodells	163
3.6.1	Reflexe und Reaktionen	164
3.6.2	Schnelle Iterationen	165
3.6.3	Träge Adaptionen	166

		3.6.4	Lebenslange Evolution der Persönlichkeit	169
		3.6.5	Aspekte der Willensbildung	171
	3.7	Deutung von Schlaf und Traum		172
		3.7.1	Das EEG als Schlüssel zum Schlafgeschehen	172
		3.7.2	Quellen schwacher Erregungen	175
		3.7.3	Modellierung des Träumens	179
	3.8	Roboter mit Wissen über ihr Ich		181
		3.8.1	Roboter in Analogie zum Menschen	181
		3.8.2	Roboter mit Bewusstsein?	184
	3.9	Schlussfolgerungen zum Kapitel 3		187
	Literatur			188

4 Optimierte Willensbildung ... 191

4.1	Konsistenz zur Verzögerung von Bewusstsein und willentlicher Handlung		191
4.2	Bedeutung des Faktors Zeit		195
	4.2.1	Deutung langzeitlichen neuronalen Geschehens	196
	4.2.2	Chronologie des KO-Schlags eines Boxers	198
	4.2.3	Dynamisches Handeln ohne Bewusstsein	202
4.3	Iteration als Erklärung langzeitlicher Kausalität		203
	4.3.1	Die Problematik uneingeschränkter Kausalität	204
	4.3.2	Scharen von Bedingungsketten	206
	4.3.3	Das Mitwirken der fernen Vergangenheit	209
4.4	Beispiele versteckter Kausalität		212
	4.4.1	Kausalität des Handelns	212
	4.4.2	Kausalität des Planens	214
4.5	Auslösung und Bewusstwerdung von Gedanken		216
	4.5.1	Auslösung des Denkens	217
	4.5.2	Denken als Prozess der Optimierung	220

		4.5.3	Partielle Bewusstwerdung des Denkprozesses	221

- 4.6 Optimierter Wille als Ausdruck des individuellen Ichs 224
  - 4.6.1 Individualität trotz Determinismus 224
  - 4.6.2 Wann killt ein Killer? 226
- 4.7 Konsequenzen für Schuld und Strafe 230
  - 4.7.1 Aspekte des Schuldbegriffs 231
  - 4.7.2 Das Problem der Bestrafung 236
- 4.8 Optimierung versus Freiheit 240
  - 4.8.1 Kein Bedarf an freiem Willen 240
  - 4.8.2 Der Mensch als intelligente Maschine? . 243
- 4.9 Bekenntnis zur eingeschränkten Freiheit 245
- 4.10 Schlussfolgerungen zum Kapitel 4 248
- Literatur 250

Glossar 253

Epilog – Was vom Leib-Seele-Problem verbleibt 261

Zusammenfassung – Das Modell in kurzen Worten 265

Zum Autor 271

Sachverzeichnis 273

1

Voraussetzungen

Als Basis für alles Weitere beschreibt das Kap. 1 biophysikalische Voraussetzungen, über deren Gültigkeit weitgehender Konsens besteht. Im Sinne einer Einführung soll die interdisziplinäre Lesbarkeit der späteren Überlegungen erleichtert werden. Andererseits wendet sich der Text aber auch an biologisch stark versierte Leser. Ihnen soll die spezifische Betrachtungsweise der Biophysik näher gebracht werden.

1.1 Hirnforschung versus Philosophie

Gestützt auf moderne Technologien wie NMR oder PET konzentriert sich die moderne Hirnforschung auf die topografische Lokalisierung höherer Leistungen des Gehirns. Deren abstrakte philosophische Diskussion hingegen begann schon in der Antike. Heute wird Dualismus zunehmend von Materialismus abgelöst, Bewusstsein als Phänomen der Komplexität gedeutet, freier Wille als Illusion.

Das, was wir als Hirnforschung bezeichnen, ist eine junge Wissenschaft, da auf der Entwicklung neuer Technologien basierend. Zeitlich davor liegt die *philosophische* Ergründung des menschlichen Geistes. Schon in der Antike konnte sie sich frei entwickeln, allein getragen vom Intellekt des Menschen, der sich in den letzten Jahrtausenden nur graduell weiterentwickelt hat. Der abstrakten, von komplexen Hilfsmitteln unabhängigen Philosophie gelang es, fundamentale Erkenntnisse zu gewinnen. Schon sehr früh konnte sie sich frei entfalten, und zwar auf höchstem Niveau – menschliche Gehirne hatten Fähigkeiten entwickelt, die denen der Jetztzeit ebenbürtig waren.

Die Einschätzung menschlicher Intelligenz zeigte historisch gesehen deutliche Wendungen. Die griechische Antike sah das geistige Zentrum des Körpers zunächst im Herzen,[1] später dann in den Ventrikeln, den inneren Flüssigkeitsräumen des Gehirns. Mit gewissen Variationen galten sie bis zur Neuzeit herauf als Schaltstelle zwischen einem materiellen Körper und einem immateriellen Geist. Als gleichbleibende Tendenz wurde dem Geist die Rolle zugedacht, die körperlichen Funktionen zu lenken. Im Wesentlichen entspricht dies dem Grundgedanken auch heute bestehender Theorien, etwa des Ansatzes eines „selbst-bewussten Geistes" durch den Nobelpreisträger John Eccles.[2] Erst in jüngster Zeit wird der Dualismus zunehmend infrage gestellt, und Phänomene wie Bewusstsein und Willensbildung werden als Ausdruck des materiellen Gehirns interpretiert.

Die Ergründung des menschlichen Geistes war also unangefochtene Sache der Philosophie – über Jahrtausende hinweg. Erst in den letzten Jahrzehnten haben moderne Technologien – PET, EEG und andere – Konkurrenz ge-

---

[1] These von Aristoteles.
[2] Vgl. die Zitate der weiteren Abschnitte.

schaffen. Es entstand die sogenannte *Hirnforschung*, die sich der nur scheinbar abstrakten Themen von Bewusstwerdung und Willensbildung annimmt. Sie ist medizinisch orientiert und konzentriert sich auf das Zusammenspiel jener topografisch komplex verteilten Bereiche, die für bestimmte Teilfunktionen des Nervensystems zuständig sind. Das befähigt die Medizin in zunehmendem Maße, Defekte in gezielter Weise zu lokalisieren und zu therapieren. Voraussetzung für die derzeit sehr erfolgreiche Entwicklung der Hirnforschung sind rasche technologische Innovationen des letzten Jahrzehnts.

Neuronale Strukturen haben Abmessungen von Mikrometern. Ihre Darstellung war an die Entwicklung von Elektronenmikroskopen gebunden, denen neue Varianten wie Tunnel- oder Kraftmikroskopie gefolgt sind. Den Durchbruch der Hirnforschung aber haben erst jene, in Abschn. 1.6 näher behandelten Verfahren gebracht, die zerstörungsfrei am lebenden Gehirn anwendbar sind. Auf das örtlich mäßig auflösende EEG folgte die magnetische Kernresonanz (Nuclear Magnetic Resonance; NMR). Als NMR-Spektroskopie kann sie sogar im Gehirn ablaufende Stoffwechselprozesse ohne jeglichen Eingriff verfolgbar machen. Als gut ergänzendes Verfahren wurde die Positronenemissionstomographie (PET) entwickelt, die allerdings an die Verabreichung von Kontrastmittel gebunden ist.

Mithilfe des obigen Rüstzeugs erkennt der moderne Hirnforscher oder Neurophysiologe, welche Regionen des Gehirns als Vorbedingung notwendig sind, um in ihrem Zusammenspiel Phänomene wie Bewusstwerdung oder gezieltes Handeln aufkommen zu lassen. Einerseits werden gezielte Experimente durchgeführt. Von noch größerer Bedeutung aber ist das – leider allzu umfangreich anfallende – Material, das sich aus unfalls- oder krankheitsbedingten Ausfällen bestimmter Hirnregionen ergibt.

An die oben erwähnten Technologien ist die vorwiegend experimentell arbeitende, physiologische und medizinische Hirnforschung gebunden. In den letzten Jahrzehnten konnte sie sich voll entwickeln, mit geradezu sprunghaften Fortschritten. Sie resultieren aus der zusätzlichen Erarbeitung mikroelektronischer Methoden, aber auch aus Verfahren der modernen Datenverarbeitung und -übertragung.

Das Phänomen *Bewusstsein* ist klassischer Gegenstand der Philosophie und wird dort unterschiedlich definiert. Im Sinne des „phänomenalen Bewusstseins" (Qualia), als mentales Erleben, gilt es bis zur Gegenwart als naturwissenschaftlich wenig fassbar. Erst in den letzten drei Jahrzehnten begannen experimentelle Forschungen indirekter Art. Sie konzentrieren sich auf für den Bewusstwerdungsprozess notwendige Rahmenbedingungen:

(1.) auf die relevanten Bereiche des Gehirns bei Beobachtung der Folgen von lokalen Schädigungen bzw. Erkrankungen und
(2.) auf die vor allem von Benjamin Libet aufgeklärten zeitlichen Aspekte des Aufkommens von Bewusstsein.[3]

Das Wesen des Bewusstseins wird überwiegend dualistisch gedeutet, in neuerer Zeit – seit Mitte des letzten Jahrhunderts – auch materialistisch, etwa als Ausdruck ei-

---

[3] Neben B. Libet auch H. H. Kornhuber; vgl. die Zitate der weiteren Abschnitte.

nes Systems extremer Komplexität, wie es das neuronale Netz des Gehirns verkörpert. Wie schon erwähnt wird sogar Computern Bewusstsein zugebilligt.

Auch die Frage der *Willensfreiheit* wird in der Philosophie unterschiedlich definiert, etwa bei Unterscheidung des freien Wollens vom freien Handeln. Als grobe Tendenz sah die Antike die Freiheit allein schon durch Vorbestimmtheit (Schicksal) und göttliche Lenkung eingeschränkt. Erst im späten 18. Jahrhundert erfolgte eine Abkopplung von theologischer Relevanz, hin zu jener des individuellen Ichs, wie es durch das Nervensystem gegeben ist – in Verbindung mit dem Geist. Nach dem deutschen Philosophen Johann Gottlieb Fichte[4] ist es das individuelle Gehirn, das den Willensprozess begründet. Es handelt sich um ein Denkmuster, das sich in den Thesen des hier vorliegenden Textes wiederfindet – wenngleich die Analogie aus völlig verschiedenen Prämissen resultiert.

In neuester Zeit wird die Willensfreiheit kontrovers behandelt: Dualisten vertreten freien Willen, welcher – nach der bekanntesten, schon erwähnten, von Eccles und Popper stammenden These – vom selbst-bewussten Geist ausgeht und letztlich vom physischen Nervensystem in entsprechende Handlung umgesetzt wird. Deterministen hingegen bezeichnen den freien Willen als Illusion. Doch neigen Vertreter des sogenannten *Kompatibilismus* dazu, die von Naturgesetzen geleitete Kausalität mit verschiedenen Varianten „beschränkter Freiheit" vereinbar zu machen.

Die im Obigen nur sehr kurz zusammengefasste historische Entwicklung wird in den weiteren Abschnitten des

---

[4] Vgl. z. B. *Jeck* 2007, S. 216 ff.

Textes näher betrachtet. Auch erfolgen Verweise auf (meist) gut zugängliche Literaturstellen, die dem spezifisch interessierten Leser den Zugang zu Originalarbeiten erleichtern sollen.

1.2 Abstraktion des Nervensystems

Aus biophysikalischer Sicht lässt sich das Nervensystem aus sechs funktionellen Modulen modellieren: das periphere aus der Sensorik, der Afferenz, der Efferenz und der Motorik, das zentrale aus dem Rückenmark und dem Gehirn. Das Letztere vermittelt das Phänomen der Bewusstwerdung. Inwieweit diese zu freiem Willen verhilft, bleibt zunächst dahingestellt.

1.2.1 Neuronale „Module"

Zeitlich und räumlich gesehen zeigt das Nervensystem vielschichtige Strukturen, deren Beschreibung Generationen von Forschern beschäftigt. Der hier vorliegende Text hingegen beschränkt sich auf *grundlegende* Funktionen des Nervensystems, das in abstrahierter Form betrachtet wird. Dies kommt der interdisziplinären Lesbarkeit des weiteren Textes entgegen, der sich an biophysikalischem Gedankengut orientiert. Gegenüber physiologisch-medizinischen Beschreibungen können sich somit deutliche Unterscheide ergeben. Ein konkretes Beispiel ist die Großhirnrinde: Die Hirnforschung unterscheidet mehr als drei Dutzend Regionen (Areale). Aus biophysikalischer Sicht setzen wir hier eine einzige Einheit an, wobei das Ziel der Überlegungen darauf ausgerichtet ist, ihre *funktionellen* Mechanismen zu erforschen. Vor allem molekulare Vorgänge sind es, die interessieren, und nicht das konzertierte Zusammenspiel einzelner Regionen.

Biophysikalisch betrachtet genügt zur groben Modellierung des Nervensystems der Ansatz von nur sechs funktionellen *Modulen* (Abb. 1.1). Bekanntlich umfasst das zentrale Nervensystem zwei Teile: das Gehirn und das Rückenmark. Alles andere lässt sich als peripheres Nervensystem einordnen, mit Bahnen zum und vom Gehirn. Das vegetative Nervensystem als Steuerung innerer Organe wird im vorliegenden Text nur selten erwähnt, womit ihm kein eigenes Modul zugeordnet ist.

Im Funktionsschema von Abb. 1.1 ist die Peripherie durch die Extremitäten angesetzt. Sie enthalten wesentliche Anteile der *Sensorik*, vor allem an der Haut. Als Beispiel finden sich sehr hohe Konzentrationen mechanischer und thermischer Sensoren an den Enden der Finger. Ihre Reizung führt zu neuronalen Erregungen, die mit hoher Geschwindigkeit durch afferente Bahnen der Arme an das Rückenmark laufen. Dort erfolgt eine Umschaltung auf Neurone, d. h. Nervenzellen, die eine Verbindung ins Gehirn herstellen. Umschaltungen wie zwischen Afferenz und Rückenmark erfolgen durch Synapsen, als Kontaktstellen zwischen erregbaren Zellen (d. h. Sensorzellen, Neuronen und Muskelzellen).

Wichtigste Arten von Sensorzellen finden sich im Schädel. Gemeint sind etwa die Stäbchen- und Zapfenzellen der Augen, oder die chemisch empfindlichen Zellen des Geschmacks- und Geruchssinns. In das Gehirn laufen ihre Signale auf direktem Wege über die schon genannten

8 Bewusstsein und optimierter Wille

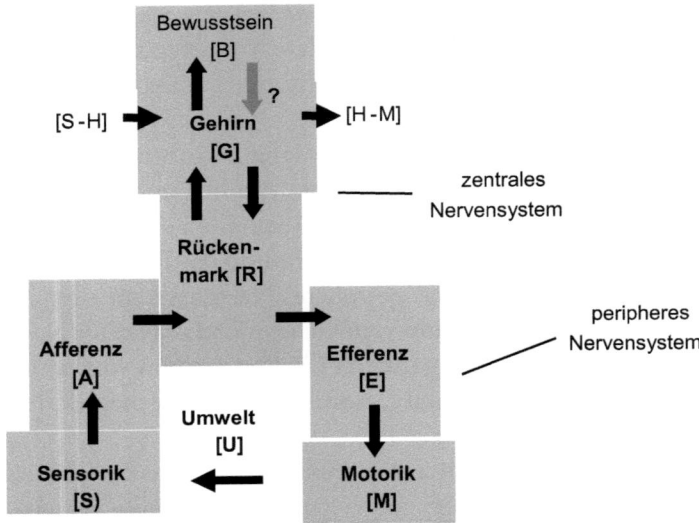

Abb. 1.1 Modulbild der funktionellen Komponenten des Nervensystems, grob entsprechend dem Kopf, dem Rumpf und den Extremitäten. Hier sind sensorische Eingänge *links* angedeutet, motorische Ausgänge *rechts*. Tatsächlich ist weitgehend symmetrische Organisation gegeben. [S-H] und [H-M] berücksichtigen die direkt – nicht über das Rückenmark geführten – Verbindungen von Sensoren [S] zum Gehirn [G] bzw. vom letzteren zu Muskeln [M] durch sogenannte Hirnnerven [H] des Schädels. Das Bild steht gleichermaßen für Mensch und hoch entwickeltes Tier – das Nervensystem zeigt keinen prinzipiellen Unterschied. Über die Motorik wirkt das System auf die Umwelt [U] ein. Aus deren Rückwirkung auf die Sensorik resultiert letztlich ein in sich geschlossener, iterativ durchlaufener Regelkreis [S-G-M-U-S], als Basis kontinuierlicher Kausalität, als Grundgedanke des im Weiteren präsentierten neuronalen Modells. Eine eventuelle Rückwirkung des Bewusstseins [B] wird zunächst als fraglich angesetzt

Hirnnerven ein. Diese versorgen auch die entsprechende Muskulatur, die Motorik (z. B. zur Bewegung der Augen) auf direkten Pfaden.

1.2.2 Funktionelle Aspekte

Das Gehirn verarbeitet sensorische Signale in vielfältiger Art durch funktionelle Engramme[5]. Die Signale können in spezifische Regionen der Großhirnrinde eingeschrieben werden, die das Arbeits- bzw. Langzeitgedächtnis repräsentieren. Und letztlich können sie auch in das Bewusstsein aufgenommen werden. Abb. 1.1 vermerkt das Wort „Bewusstsein" im Modul des Gehirns. Tatsächlich wird das Bewusstsein unterschiedlich lokalisiert – vor allem im Rahmen des Dualismus, wie in späteren Abschnitten eingehend diskutiert wird.

Wissenschaftlich umstritten ist auch die Quelle für motorische Signale, die letztlich über efferente Bahnen zur Kontraktion von Muskelzellen führen und dem Körper zur Bewegung bzw. Äußerung verhelfen. Eindeutige Erregungsquellen sind für Reflexe gegeben. Unbedingte können auf dem kurzen Wege [S-R-M] über das Rückenmark laufen, womit das Gehirn nicht beteiligt ist. Hingegen ist sein Mitwirken bei bedingten Reflexen gegeben. Der Vorgang kann uns bewusst werden, indem er in das Bewusstsein „aufsteigt".

---

[5] Engramm, gr. in etwa für „Einschreibung". Die meiste Literatur schränkt den Begriff auf die Problematik des Gedächtnisses ein. Hier wird er allgemein verwendet, um einen von Erregungen bevorzugt durchlaufbaren Pfad zu kennzeichnen.

In vielen Fällen – wenn nicht sogar in den meisten – ist die Herkunft motorischer Signale also rekonstruierbar. Fraglich aber ist bereits, ob differenzierte Reaktionen auf sensorische Eindrücke auf dem Wege [S-G-M] zustande kommen; oder ob sie – wie Dualisten meinen – unter Mitwirkung des Bewusstseins ausgelöst werden, d. h. unter Einschluss des Umweges [G-B-G]?

Wirklich strittig aber ist es, wie willentliche Motorik initiiert wird. Vertreter des Dualismus neigen zur Auffassung, dass bewusstseinsgesteuerter *freier* Wille existiert, entsprechend dem Funktionsweg [B-G-M]. Als Alternative gelten endogene Willensprozesse, die von autonom feuernden Zellen herrühren könnten. Im Zuge des vorliegenden Textes wird ein Modell zur Diskussion gestellt, nach dem *optimierter* Wille aus der neuronalen Erregungslage der Engramme des Gehirns resultiert. Danach beschränkt sich die Rolle des Bewusstseins darauf, die Erregungsinhalte zu registrieren; auf umgekehrtem Wege Gehirn – Bewusstsein (als Funktionsteil des Gehirns).

In den folgenden Abschnitten des Kap. 1 wird die Funktion der einzelnen Module schrittweise diskutiert; zunächst die Funktionsweise von Neuronen und ihr Zusammenschluss zu neuronalen Netzen durch synaptische Verknüpfungen. Das Kap. 2 bringt dann eine Diskussion sensorischer Signalverarbeitung, einschließlich der Bewusstwerdung. Und Kap. 3 und Kap. 4 behandeln die Entstehung motorischer Signale mit dem Schwerpunkt der Willensbildung.

Die abstrahierte Darstellung des Nervensystems suggeriert eine geradlinige Informationsverarbeitung, wie sie bei modernen Computern vorliegt. Tatsächlich ist dies nicht der Fall. Zunächst einmal herrscht im Nervensystem hochgradige Parallelität des Signaltransports, woraus Robustheit resultiert. Vor allem aber ist alles andere als ein eindimensionales System gegeben. Nach Abb. 1.1 lässt sich ein globaler Informationsfluss erkennen, der von der Sensorik bis hin zur Motorik reicht. Dazwischen aber liegt das Gehirn als komplexes dreidimensionales System. Über die Motorik wirkt es auf die Umwelt [U] ein. Aus deren Rückwirkung auf die Sensorik resultiert letztlich ein in sich geschlossener Regelkreis [S-G-M-U-S-...], als Basis kontinuierlicher Kausalität. Sie ist ein Grundgedanke des im Weiteren präsentierten neuronalen Modells, wie es in Abb. 3.7 zusammengefasst ist.

1.3 Erregbare Zellen

Am Nervensystem sind drei Arten erregbarer Zellen beteiligt: Sensorzellen, Nervenzellen (sogenannte Neurone) und Muskelfasern. In allen Fällen manifestiert sich die Erregung in Diffusionsströmen durch Poren der Zellmembran. Ausgelöst werden sie durch Umorientierung von Porensteuermolekülen. Freier Wille würde bedeuten, dass diese Umordnungen endogen – das heißt aus mentaler Kraft, von innen her – erfolgen.

1.3.1 Allgemeines

Die Funktion der erregbaren Zellen des Nervensystems – und ihrer synaptischen Verknüpfungsmöglichkeiten – sei hier physikalisch betrachtet. Das ist geboten, da die späteren Abschnitte neuralgische Fragen stellen werden:

- nach der von Materialisten beschworenen Möglichkeit, dass sich Bewusstwerdung aus physikalischen Mechanismen ergeben könnte, und auch
- nach der von Dualisten beschworenen Möglichkeit, dass ein mentaler Geist – etwa der schon erwähnte selbstbewusste Geist nach Eccles und Popper – im Sinne von freiem Willen in die physikalische Funktion eines Neurons eingreifen könnte.

Betont sei, dass sich die im Folgenden angestellte *biophysikalische* Beschreibung von Erregungsvorgängen wesentlich von der üblich vorgenommenen physiologischen unterscheidet. Die Letztere stützt sich auf lokale, mit Mikroelektroden relativ einfach erfassbare elektrische „Potenziale" und ihre zeitlichen Veränderungen – auf Begriffe wie Ruhepotenzial, Hyperpolarisation oder Aktionspotenzial. Tatsächlich handelt es sich dabei aber vor allem um reine Indizien für das physikalisch tatsächlich wesentliche Geschehen. Das wird von Stromflüssen getragen, die von Diffusionsprozessen eingeleitet werden und in der Folge verschiedene Regionen der Zelle (s. Abb. 1.2) im Sinne von Stromkreisen miteinander verbinden. Die Letzteren sind mechanistisch gesehen elementar, physiologischen Messungen aber sind sie kaum zugänglich.

Im Wesentlichen wird die neuronale Kommunikation durch nur drei *erregbare* Zelltypen besorgt: Sensorzellen, Nervenzellen (Neuronen) und Muskelzellen. Abbildung 1.3 illustriert den kompaktesten Fall der Verschaltung, der zu-

1 Voraussetzungen 13

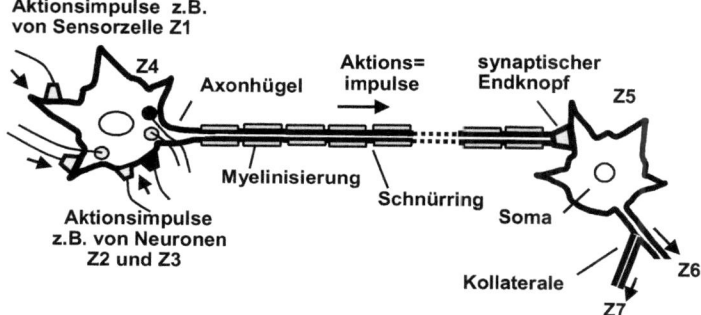

Abb. 1.2 Regionen einer Nervenzelle. Schematisch angedeutet ist die Verbindung von Zellen verschiedenen Typs – z. B. einer Sensorzelle Z1 und Neuronen Z2, Z3 – mit einem Neuron Z4. Dabei sind hemmende Synapsen schwarz markiert. Am Axonhügel ausgelöste Aktionsimpulse wirken auf ein Neuron Z5. Dieses befeuert eine Zelle Z6, und über eine Kollaterale – eine Verzweigung des Axons – eine weitere Zelle Z7

gleich aber hohe praktische Bedeutung hat – er entspricht einer raschen, über das Rückenmark geschlossenen Reflexbahn. Es könnte sich um einen Sensor eines Fingers handeln, der für mechanischen Druck empfindlich ist, oder aber auch für tiefe Temperatur. Bei entsprechender Reizung „feuert" die Sensorzelle. Das heißt, sie generiert Aktionsimpulse, die ihrem langen Fortsatz, dem Axon, mit hoher Geschwindigkeit – mit durchaus 200 km/h – entlang laufen; hin zu Synapsen des Rückenmarks. Die übertragen die Erregung auf ein sogenanntes Motoneuron, eine Nervenzelle motorischer Auswirkung. Als eine häufige Variante leitet das Neuron die Erregung zurück an den Reizort, im gegebenen Fall also zurück zur Hand. Hier folgt eine syn-

Abb. 1.3 Gesamtheitliche Modellierung einer Reflexbahn, etwa die des allgemein bekannten Kniesehnenreflexes. Ein Schlag auf die Sehne wird dabei durch das Vorschnellen des Unterbeines beantwortet. Für Dualisten und Materialisten besteht hier Konsens, dass weder ein Willensprozess noch ein Mitwirken des Bewusstseins beteiligt ist. Am Zustandekommen des Reflexes wirken alle drei Arten erregbarer Zellen mit. **a** Gesamtanordnung – Aufeinanderfolge von Sensorzelle, Neuron und Muskelfaser. Die z. B. durch mechanischen Zug erregte Sensorzelle reagiert mit einem nach innen gerichteten – rot skizzierten – Diffusionsstrom (DS). Der entsprechende – grüne – Ausgleichsstrom (AS) führt zu DS am Axonhügel und wirkt in Richtung der Synapse, indem DS und AS einander zeitlich gesehen zyklisch bedingen. Statt mechanisch erregt zu werden, wird das Neuron chemo-elektrisch erregt. Der neuerliche Zyklus von DS und AS wirkt letztlich an der Endplatte auf eine Muskelfaser, die somit kontrahiert. **b** Detail I – Schematische Darstellung des *mechanisch* ausgelösten Diffusionsstroms (DS). Eine zunächst verschlossene Membranpore (*oben*) wird durch Dehnung (*unten*) geöffnet, womit Natriumionen in die Zelle diffundieren, im Sinne von DS. In allen anderen Bereichen erfolgt die Öffnung elektrisch, indem das Feld auf geladene molekulare Positionen einwirkt. **c** Detail II – An axonischen Membranabschnitten *elektrisch* ausgelöster Diffusionsstrom. Eine durch ein „Porensteuerprotein" zunächst verschlossene Membranpore (*oben*) wird quasi durch abnehmende „Verbiegung" des elektrisch geladenen Proteins geöffnet (*unten*), womit Diffusion auftritt

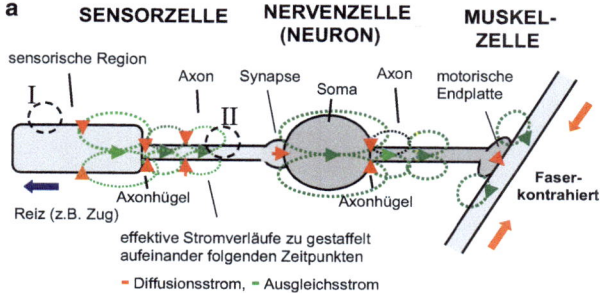

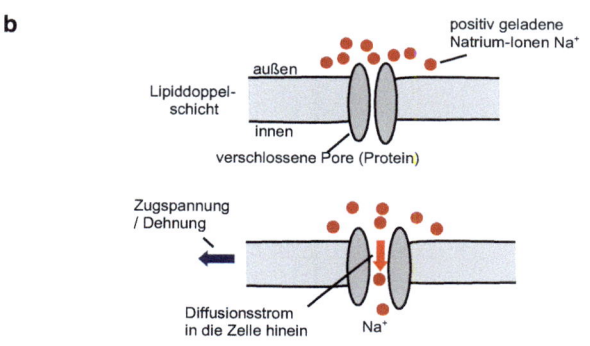

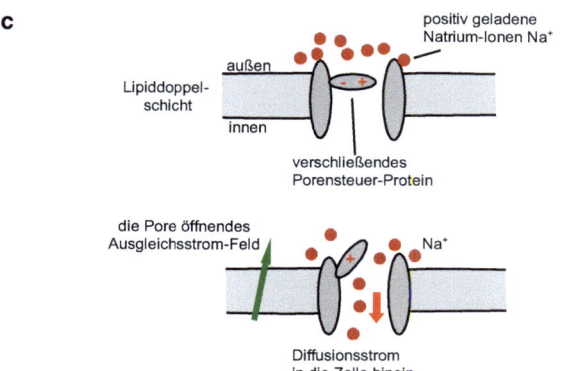

aptische Überspielung auf Muskelfasern, welche im Sinne einer Reflexbewegung kontrahieren.

1.3.2 Physikalische Funktionsabläufe

Näher betrachtet sind hier physikalische Funktionsabläufe im Spiel, die sich – im Wesentlichen – mit elektrischen Phänomenen deuten lassen.[6] Physikalisch nicht näher Vorgebildete sollten sich an dieser Stelle nicht abschrecken zu lassen. Die im Folgenden anhand von Abb. 1.3 kurz zusammengefassten Mechanismen sind auch für einen Physiker nicht unmittelbar verständlich, sofern er im biologischen Bereiche nicht eingehend tätig ist. Doch ist es unumgänglich, sie hier zu nennen. Denn *molekulare* Strukturen sind jene neuralgischen Schaltstellen, um die es geht, wenn wir die vermeintliche Wechselwirkung des Bewusstseins diskutieren, oder auch das Aufkommen von freiem Willen.

Betrachten wir zunächst die *Sensorzelle*. So wie jede lebende Zelle ist sie von einer nur Millionstel Millimeter dicken Zellmembran umhüllt. Die dient als Abgrenzung gegenüber der die Zelle umgebenden, ver- und entsorgenden

---

[6] Die übliche physiologische Betrachtungsweise (z. B. Silbernagl und Despopoulos 2007, S. 49) basiert darauf, dass die Diffusion zu einer Reduktion des an der Membran a priori bestehenden sogenannten Membranruhepotenzials führt, zu einer Depolarisation im Sinne eines „Aktionspotenzials". Das Weiterwirken der Erregung wird mit „elektrotonischer" Ausbreitung gedeutet. Den Grundgesetzen der Elektrophysik hält diese Modellierung nicht stand: Die Veränderung der Potenzialverhältnisse ist zwar ein – leicht registrierbares – Indiz für das Vorliegen einer Erregung. Deren Weiterwirken durch „Elektrotonie" hingegen ist mit der Maxwellschen Theorie, dem grundlegenden Theorem der Elektrophysik, nicht kompatibel. Tatsächlich erfolgt es durch in sich geschlossene Stromkreise, in der deutschen Literatur auch „Strömchen" genannt. Eine Erregung manifestiert sich also als Stromfluss und seine Pfade definieren ihr Weiterwirken.

äußeren Zellflüssigkeit. Sie beinhaltet verschiedenartige Ionen. Bevorzugt interessiert uns dabei der hohe Gehalt an Natriumionen.

Membranen gestatten gezielten Stofftransport. Für Natrium ist eine gewisse Grundleitfähigkeit gegeben. Relevanter ist eine reizbedingte Zusatz-Leitfähigkeit. Beispielsweise kann man sich die Wirkung eines Druckes auf den Finger so vorstellen, dass die Membran einer betroffenen Sensorzelle gedehnt wird und spezifische Membranporen mitgedehnt werden, sodass sie (vor allem) für Natrium durchlässig werden (Abb. 1.3b). Damit diffundieren Natriumionen in die Zelle ein. Bekanntlich sind sie positiv geladen und ergeben somit einen in die Zelle gerichteten Ionenstrom – seiner Auslösung entsprechend einem rot skizzierten *Diffusionsstrom*.[7]

Nach den Gesetzen der Physik ergänzt sich jeder Strom zu einem geschlossenen Strom*kreis*. In unserem Fall kann das nur eines bedeuten: Der in die Zelle gerichtete Diffusionsstrom ergänzt sich durch einen grün skizzierten, sogenannten *Ausgleichsstrom* (s. Glossar), der nach außen gerichtet ist. In verteilter Weise durchsetzt er Membranregionen, die generell eine gewisse, geringe Leitfähigkeit aufweisen – durch Poren, die für einzelne Ionen (wie Natrium, Kali-

---

[7] Der Mechanismus der Diffusion ist tatsächlich trivialer Natur: Außerhalb der Zelle sind die in ihrem wässrigen Medium gut beweglichen Ionen stark konzentriert, während sie im Inneren kaum vorhanden sind. So „verirren" sich im Zuge der thermischen (Brownschen) Bewegung viel mehr a priori äußere Ionen ins Innere als nach außen. In Summe resultiert damit ein ins Innere gerichteter „Diffusionsstrom". Grundsätzlich sind bei der hier – und im Weiteren – beschriebenen Diffusionsprozessen jeweils zumindest zwei Ionenarten beteiligt. Diskutiert wird hier aber nur die jeweils dominante Art, was das Verständnis erleichtern soll.

um oder Chlorid) durchlässig sind. Damit bewirkt der Ausgleichsstrom einen Ohmschen Spannungsabfall an den betroffenen Membranregionen und somit eine Änderung der an ihnen a priori wirkenden elektrischen Ruhe-Feldstärke[8]. Die Physiologie spricht hier vom Phänomen einer Depolarisation.

Eine spezifische Funktion der Ruhefeldstärke besteht darin, dass sie Porensteuermoleküle an sich orientiert, analog zur Orientierung einer Kompassnadel am erdmagnetischen Feld. Ein derartiges Molekül ist so gestaltet, dass es eine Membranpore geschlossen hält, womit der Durchtritt von Ionen verhindert wird (Abb. 1.3c). Für das Weitere interessieren vor allem die schon erwähnten Natriumionen, die im Extrazellulären stark konzentriert sind. Wird nun die oben erwähnte Ruhefeldstärke bis zu einem gewissen Schwellwert kompensiert, so geht die Orientierung des Moleküls verloren, das Molekülende „klappt" nach außen und gibt die Pore somit frei. Damit diffundieren Natriumionen in die Zelle ein – es ergibt sich ein Diffusionsstrom, wie schon beschrieben, der nun aber nicht über einen mechanischen, sondern über einen elektrischen Mechanismus ausgelöst ist. Wesentlich ist, dass der Strom regional versetzt auftritt. Diese Versetzung repräsentiert den fundamentalen Mechanismus der Erregungsweiterleitung. Angemerkt sei die zur entsprechenden Aufklärung sehr große Bedeutung der sogenannten Patch-Clamp-Technik, die es ermöglicht, einzelne Ionenübergänge zu registrieren.[9]

---

[8] Sie resultiert aus von der sogenannten Ionenpumpe aufrecht gehaltenen Diffusionsprozessen – vor allem von Kaliumionen, die hier nicht weiter interessieren.
[9] Zur Patch-Clamp-Technik s. z. B. *Neher und Sackmann* 1992.

Die eben beschriebene Steuerung von Membranporen spielt eine Schlüsselrolle für zwei in weiteren Teilen des Textes diskutierte Fragestellungen:

(1.) Kann das Phänomen des Bewusstseins Erregungen auslösen? Dazu müsste es imstande sein, die Orientierung von Membranporenmolekülen zu beeinflussen.
(2.) Ist dem Menschen freier Wille gegeben? Auch dann wäre zu postulieren, dass Ionendiffusionen autonom zur Auslösung kommen – als „endogener" Vorgang, also mental, von innen her.

Kehren wir nun nochmals zur Beschreibung von Abb. 1.3 zurück und betrachten wir die Erregungsweiterleitung etwas näher. Die schon erwähnte regionale Versetzung bedeutet, dass der zu einem Zeitpunkt 1 am Ort 1 aufgetretene sensorische Reiz zum Zeitpunkt 2 am Ort 2 (bevorzugt an einem „Schnürring" gemäß Abb. 1.2) durch einen Diffusionsstrom beantwortet wird. Dieser löst seinerseits einen Ausgleichsstrom aus, der nun am neuerlich nach rechts versetzen Ort 3 wirksam wird. Ja – und dies ist das Grundprinzip aller schnellen, neuronalen Kommunikation: Kurzzeitige Diffusionsstromstöße, die wir als *Aktionsimpulse* bezeichnen wollen (s. Glossar), laufen den langen Zellfortsätzen, den Axonen, mit großer Geschwindigkeit entlang.

Die Impulse laufen hin bis zum Faserende und werden über eine Synapse auf die nachfolgende Zelle überspielt. In unserem Fall ist dies ein Neuron. In seiner Eingangsregion erzeugt die Synapse den entsprechenden primären Diffusionsstrom – nach einem Prinzip, das im nachfolgenden Abschn. 1.4.1 diskutiert wird. Sprunghaft läuft der Impuls an dem Axon des Neurons entlang. Letztlich wird er synaptisch an die Muskelfaser überspielt. Und durch neuerliche Impulse wird die Faser zur Kontraktion gebracht – nach einem Prinzip, das im Abschn. 1.5.2 zur Sprache kommt.

1.4 Verknüpfende Synapsen

Als Basis für „höhere" Leistungen des Gehirns dienen Synapsen als Kontaktstellen zwischen den drei erregbaren Zelltypen und im engeren Sinn zwischen aufeinander folgenden Neuronen. In die Synapse einlaufende Erregungen bewirken Porenöffnungen für Kalziumionen, die Ausschüttung von hormonartigen Molekülen und deren Reaktion mit Rezeptormolekülen der nachfolgenden Zelle. Als Endprodukt entsteht auch hier ein Diffusionsstrom. Synapsen sind es, die sich als Ansatzstellen freien Willens zumindest in hypothetischer Weise anbieten.

1.4.1 Allgemeines

Prinzipiell könnte eine am Bein zustande kommende sensorische Erregung auf direktem Wege an das Gehirn geleitet werden – über ein an die zwei Meter langes Axon, welches die Information elektrisch überträgt. Doch die Evolution hat eine *etappenweise* Weiterleitung hervorgebracht. Wie in Abb. 1.3a zusammengefasst, sind die Komponenten durch Synapsen verknüpft, als Kontaktstellen zwischen erregbaren Zellen. Es sind dies einerseits Sensorzellen, die ihre Erregungen auf Nervenzellen – also Neuronen – übertragen. Über hundert Milliarden Neuronen des menschlichen Körpers sind untereinander durch eine noch viel höhere Anzahl von Synapsen verknüpft, wobei die größte Dichte im Gehirn gegeben ist. Efferent gesehen geben viele der Neuronen ihre Erregungen letztlich an Muskelzellen weiter, über spezifische Kontakte, die sogenannten neuromuskulären Synapsen, die im Abschn. 1.5.1 näher behandelt werden.

Der *Sinn* etappenweiser Weiterleitung neuronaler Signale liegt in ihrer Beeinflussbarkeit durch weitere Faktoren. Die bestimmen mit, inwieweit eine Impulsfolge eine Schaltstelle passiert, ob sie abgeblockt wird oder sogar bevorzugt weitergeleitet wird. So wird z. B. gewährleistet, dass das Gehirn von unnützen sensorischen Signalen verschont bleibt, oder dass die Aufmerksamkeit auf bestimmte Inputs konzentriert wird. Im Gehirn selbst übernehmen Synapsen die Gewichtung der Verschaltungen des neuronalen Netzes, wie es zur Verarbeitung sensorischer Signale eingesetzt wird, sowie zur Ingangsetzung motorischer Handlungen. Auf der Basis synaptischer Verknüpfungen beruhen auch die Verarbeitung von Information im Sinne des Denkens und ihre Abspeicherung im Sinne des Gedächtnisses. Diese mannigfaltigen Aufgaben erklären die weiter oben erwähnte extrem hohe Anzahl von Neuronen bzw. Synapsen.

In Abb. 1.3a ist eines verdeutlicht: Jede am Nervensystem beteiligte Zelle ist für sich abgeschlossen, indem sie individuell von einer Zellmembran umhüllt ist. An der Kontaktstelle zweier Zellen liegt folglich keine (in früherer Zeit vermutete) Verschmelzung vor. Vielmehr zeigt sich hier ein äußerst enger Spalt als zentraler Bereich einer Synapse. Genauer betrachtet besteht die Synapse aus Endknopf, Spalt und postsynaptischer Membranregion (Abb. 1.4). Für den vorliegenden Text ist der Funktionsablauf von

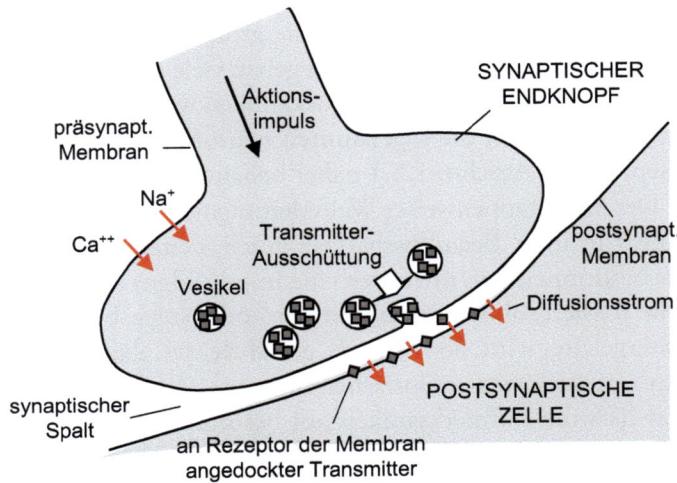

Abb. 1.4 Synapse als Koppelstelle zwischen Sensorzelle (bzw. Neuron) und einem nachgeschalteten Neuron. Aktionsimpulse der vorgeschalteten Zelle laufen in das verdickte Axonende, den Endknopf, ein. Hormonartige Transmitterstoffe werden in den synaptischen Spalt ausgeschüttet. Sie diffundieren durch den Spalt mit der Funktion von Botenstoffen. Die docken an komplementäre Rezeptormoleküle an, woraus die Öffnung von Membranporen resultiert. Natriumionen strömen in die nachgeschaltete Zelle ein im Sinne eines Diffusionsstromes, der zum Feuern der Zelle beitragen kann. Der komplexe Funktionsablauf ist für den Problembereich der Willensbildung von speziellem Interesse – deshalb, weil sich hier diverse potenzielle Angriffspunkte für „freien Willen" finden. Sie werden im Abschn. 3.3.1 näher diskutiert (vgl. Abb. 3.5)

Synapsen von besonderem Interesse, da er mögliche „Schalthebel" für die zur Diskussion stehende freie Willensbildung inkludiert.

1.4.2 Funktion der Synapse

Abbildung 1.4 zeigt den prinzipiellen *Aufbau einer Synapse*. Im Wesentlichen ist postsynaptisch tatsächlich ein spezifischer Fall einer Sensorzelle gegeben. Die Spezifität liegt alleine im Ursprung der Erregung, die hier durch heranlaufende Aktionsimpulse gegeben ist. Laufen Erregungen in eine präsynaptische Endigung ein, so kommt es zur Ausschüttung von Transmitterstoffen in den synaptischen Spalt. Rezeptoren der postsynaptischen Membran reagieren mit Porenöffnungen. Die entsprechenden Diffusionsströme schließen sich zu Stromkreisen über Ausgleichsströme, welche die postsynaptische Zelle letztlich zum Feuern bringen können.

Beim *Endknopf* einer Sensor- oder Nervenzelle handelt es sich um das meist verdickte Ende des Axons. Bewegt sich ein Aktionsimpuls an den Endknopf heran, so läuft er sich in ihm tot. Wohl kommt es zur Öffnung von Natriumporen, was hier aber keine wesentliche Bedeutung hat. Wesentlich ist, dass sich Poren auch für eine weitere Ionenart öffnen. Es handelt sich um Kalzium, das ebenfall in der äußeren Zellflüssigkeit konzentriert ist. Kalziumionen diffundieren damit in die Zelle hinein. Über eine komplexe elektrochemische Reaktion bewirken sie, dass der Endknopf hormonartige Moleküle ausschüttet – sogenannte Transmittermoleküle. Das sind Botenstoffe, die sich nun im synaptischen Spalt verteilen.

Im Sinne der Diffusion gerät ein Teil der Transmittermoleküle an die postsynaptische Membranregion. Hier treffen sie auf zu ihnen elektrisch/mechanisch komplementäre Moleküle, sogenannte Rezeptoren. Analog zu zwei zueinander passenden Komponenten eines Puzzle-Spiels kann ein Transmitter an den Rezeptor andocken – durch mechanische Passung, unterstützt durch elektrische (nach dem Plus/Minus-Ladungsprinzip). Die somit veränderte molekulare Situation führt letztlich zur Betätigung einer Membranpore der nachgeschalteten Zelle: So wie im Abschn. 1.4.1 geschildert, bilden in die Zelle einströmende Natriumionen einen Diffusionsstrom. Er kann zu einem Aktionsimpuls beitragen, indem der entsprechende Ausgleichsstrom am Axonhügel nach außen gerichtet ist.

Von Ausnahmen (optischen Rezeptoren) abgesehen, produzieren Sensorzellen grundsätzlich *erregend* (exzitatorisch) wirkende Transmitter. Unter Nervenzellen hingegen gibt es auch inhibitorische Neuronen, die darauf spezialisiert sind, *hemmende* Transmitterstoffe zu produzieren. Diffundiert ein derartiges Molekül an die postsynaptische Membran, so gelangt es an Rezeptoren, die entsprechende spezifische Passung zeigen. Ein Andocken führt auch hier zur Öffnung von Membranporen. Statt für Natrium ist die dominante Rolle nun aber für Kaliumionen gegeben. Sie sind im Zellinneren konzentriert. In der synaptischen Region diffundieren sie somit nach *außen*. Der Stromkreis schließt sich durch einen Ausgleichsstrom, der im Bereich des Axonhügels nach innen gerichtet ist. Gleichzeitig aufkommenden erregenden Strömen wirkt er somit entgegen und kann das Aufkommen von Aktionsimpulsen unter Umständen verhindern oder zumindest verzögern. In Skizzen neuronaler Schaltungen werden hemmende Endknöpfe im Übrigen meist durch schwarze Farbe symbolisiert (vgl. Abb. 2.2).

1.4.3 Konsequenzen des Synapsenverhaltens

Nach dem Obigen hat das durch winzige Stromkreise vermittelte Grundprinzip sehr rascher neuronaler Kommunikation auch für Synapsen Gültigkeit. Nur im Bereich des synaptischen Spaltes wird das elektrische Prinzip durch ein anderes abgelöst: durch das Wandern von Transmittern als Botenstoffe. Die entsprechende Wegstrecke ist aber äußerst klein, sodass die zeitliche Verzögerung im Rahmen einer Millisekunde verbleibt. Für die weiteren Kapitel ist dies von wesentlicher Bedeutung. Auch Laufzeiten entlang der Axome von Sensorzellen und Neuronen beschränken sich auf Millisekunden. Mit rein seriellen Erregungsleitungen lassen sich langzeitige Verarbeitungen des Gehirns also nicht erklären. Andererseits kann ein Denkprozess für Sekunden aufrecht bleiben. Möglich ist dies alleine durch Schleifenbildung – wiederholtes Durchlaufen von Aktionsimpulsen durch neuronale Kreise. Immer wieder neu passierte Synapsen werden dabei iterativ modifiziert, wie es im Kap. 2 eingehend beschrieben ist.

Schließlich sei noch auf einen Aspekt eingegangen, der für sogenannte *endogene* Erregungen bedeutsam ist. Grundsätzlich basiert das im Kap. 3 vorgestellte Iterationsmodell höherer Hirnleistungen auf der Prämisse, alle neuronale Erregung des Gehirns beruhe auf Signalen von Sensorzellen, welche *äußeres* Geschehen registrieren.[10] Dualisten hingegen führen für die Deutung freien Willens endogene Erregungen ins Treffen, die also in *inneren* Hirnregionen generiert werden. Für das Zustandekommen ist damit aber

---

[10] Verknüpfungen mit dem vegetativen Nervensystem bleiben hier zunächst ausgeklammert.

keine physikalisch begründbare Kausalität gegeben. Zumindest hypothetisch bieten sich zur Deutung sogenannte Miniatur-EPSPs an,[11] d. h. exzitatorische postsynaptische Potenzialdifferenzänderungen von nur etwa 0,4 mV Intensität. Sie treten spontan in zeitlich statistisch verteilter Weise auf. Grundsätzlich wäre eine zeitlich gehäufte Aufeinanderfolge denkbar, die in einen Aktionsimpuls mündet. Sein Auftreten hätte jedoch den Charakter des Zufälligen. Eine realistischere innere Quelle von Erregungen ist durch das vegetative Nervensystem gegeben, worauf noch in Bezug auf Schlaferscheinungen eingegangen wird (Abschn. 3.7.2).

1.5 Muskeln und Motorik

Voraussetzung dafür, dass eine Willensbildung in eine erfolgreiche Handlung mündet, ist eine intakte Motorik. Sie umfasst Motoneuronen, deren Endplatten vehemente Transmitterausschüttung bewirken. An einer postsynaptischen Muskelfaser ausgelöste Aktionsimpulse laufen in die Faser ein, bewirken Modifikationen von Myosin-Molekülen und somit eine Kontraktion.

1.5.1 Mechanismen von Erregung und Kontraktion

Kapitel 3 und 4 dieses Textes sind Phänomenen des Handelns gewidmet, und im Speziellen dem sogenannten „willentlichen" Handeln. Darunter werden wir verstehen, dass

---

[11] Katz 1974, S. 116 ff.

ein Denkprozess in die Aktivierung neuronaler Erregungsmuster mündet und letztlich in koordinierte Äußerungen der Motorik. Voraussetzung dafür, dass der Wille zur Handlung wird, ist freilich, dass die motorischen Signale effektiv an die Peripherie geleitet werden und dass sie in koordinierte Kontraktion der Muskulatur umgesetzt werden. Das Folgende soll die entsprechenden physiologischen Mechanismen kurz zusammenfassen.

Der globale Pfad motorischer Signale ist in Abb. 1.1 angegeben: Er vollzieht sich vom Gehirn [G] über das Rückenmark [R]. Über synaptische Umschaltung werden die Signale an die Efferenz [E] überspielt. Sie durchlaufen rasche Motoneurone – auf motorischen Einsatz spezialisierte Nervenzellen. Über spezifische Synapsen, sogenannte neuro-muskuläre Kontakte, werden Muskelfasern als kleinste zelluläre Komponenten der Motorik [M] erregt. Die Folge ist, dass die 10 bis 100 µm dicke Faser zur Kontraktion gebracht wird und dazu beiträgt, dass sich der entsprechende Muskel verkürzt.

Abbildung 1.5a skizziert die Anspeisung von Muskelfasern in schematisierter Weise. Das als Endplatte bezeichnete axonale Ende des Motoneurons kann extreme Verzweigung aufweisen und Aktionsimpulse über Kollaterale (Verzweigungen) an Hunderte Muskelfasern überspielen. So wie auch bei den „klassischen" Synapsen des Abschn. 1.4.2 besteht kein unmittelbarer Kontakt zwischen der präsynaptischen Membran des Neurons und der postsynaptischen der Muskelfaser. Der synaptische Spalt ist deutlich breiter. Generell besteht der wesentliche Unterschied darin, dass die neuromuskuläre Synapse viel größer ausgebildet ist, und damit auch viel leistungsfähiger. Die Regel ist, dass an die

Hundert Vesikel ausgeschüttet werden. Damit diffundieren große Mengen des Acetylcholin genannten Transmitterstoffes durch den Spalt. Es resultiert einheitlich *erregende* Wirkung; hemmende Synapsen sind nicht im Spiel. Auf der Seite der muskulären Membran treffen die Transmittermoleküle auf entsprechende Rezeptoren als Bestandteile spezifischer Poren.

Das *Andocken des Transmitters* bewirkt eine kurzzeitige Konformationsänderung der molekularen Porenstruktur. Die Pore öffnet sich, und für Millisekunden haben extrazellulär konzentrierte Na-Ionen die Möglichkeit, in die Muskelfaser hinein zu diffundieren.[12] Die Folge ist uns dem Prinzip nach schon vertraut: So wie im Abschn. 1.4.2 beschrieben, ergibt sich ein in die Zelle gerichteter Diffusionsstrom, der wegen gleichzeitiger Beteiligung so vieler Vesikel aber nun äußerst massiv ausfällt. Der Strom schließt sich allseitig zu geschlossenen Stromkreisen über Ausgleichsströme, die aus der Zelle heraus gerichtet sind. An den allseits vorhandenen Membranporen ist die entsprechende Feldstärke so groß, dass die im Abschn. 1.3.2 behandelte Schwelle erreicht wird. Das heißt, dass elektrisch geladene Tore gemäß Abb. 1.3c geöffnet werden und Na-Ionen in die Zelle einströmen, im Sinne eines Aktionsimpulses. Das Wesentliche ist, dass der Impuls durch eine einzige Synapse erzeugt wird – anders als bei den viel kleineren zentralen Synapsen, wo das gleichzeitige Zusammenwirken sehr vieler notwendig ist.

---

[12] Auch entgegengerichtete Diffusion von K-Ionen ist im Spiel, bleibt jedoch ohne prinzipielle Bedeutung.

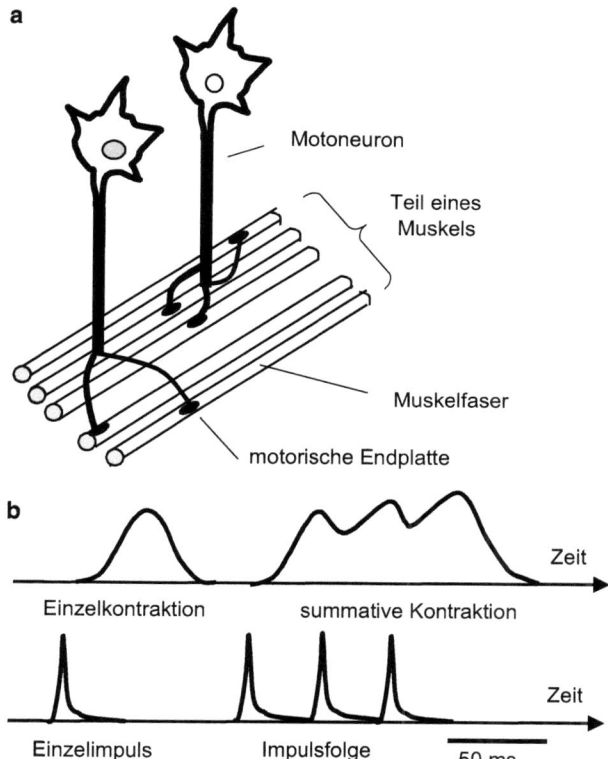

Abb. 1.5 Muskelfasern. **a** Anspeisung der Fasern durch zwei Motoneurone. Über Kollaterale versorgt ein Neuron bis zu tausend Fasern. Mehrere Freiheitsgrade ermöglichen fein dosierbare Kontraktionen. Die Endplatten sind so groß, dass ein einziger neuronaler Impuls ausreicht, um auf der postsynaptischen Seite einen Aktionsimpuls zu erzeugen. **b** Zeitlicher Verlauf von synaptischer Erregung einer quergestreiften Muskelfaser und der daraus resultierenden Kontraktion. Ein einzelner Impuls führt zur verzögert aufgebauten Einzelkontraktion. Die Resultate dynamischer Impulsfolgen unterstützen sich. Vom Gehirn generierte motorische Impulse münden somit in Handlungen, die prinzipiell mit gewissem zeitlichen Versatz auftreten

In der Folge kommt es zur *Ausbreitung des Aktionsimpulses*, ähnlich wie im Falle von Axonen. Wegen fehlender Myelinisierung kommt nicht sprunghafter, sondern nur schrittweiser Fortlauf auf. Die Geschwindigkeit bleibt im Rahmen von wenigen Metern pro Sekunde. Für die übliche Innervierung in Fasermitte ergeben sich für 10 cm lange Fasern Laufzeiten von mehr als 10 ms. Allein schon deshalb erfolgt die Kontraktion nicht spontan, sondern sie baut sich mit deutlicher Verzögerung auf (Abb. 1.5b).

Mit Hinblick auf willentliche Handlungen ist es von Interesse, wie ein solchermaßen ausgelöster Aktionsimpuls zur *Kontraktion* der Faser führen kann. Mithilfe der Röntgenbeugungsanalyse angestellte Untersuchungen haben dies gut verständlich gemacht: Zunächst muss der Impuls in das Faserinnere eingeleitet werden. Dazu trägt das sogenannte endoplasmatische Retikulum bei. Es handelt sich um ein in Zellen generell vorhandenes membranbehaftetes Kanalsystem, welches die äußere Zellmembran bis hin zum – im Fall einer Muskelfaser vielfach vorhandenen – Zellkern verbinden kann. Somit erreicht die Erregung die sogenannten *Muskelfibrillen*, deren Dicke etwa ein Zehntel der Faserdicke ausmacht. Wie in Abb. 1.6a skizziert, besteht eine Fibrille aus zueinander parallelen Molekülfäden,

Abb. 1.6 Muskelfibrillen und ihre Kontraktion. **a** Zusammensetzung einer Fibrille aus teleskopartig überlappenden molekularen Fasern, den M- und A-Filamenten (bzw. Banden) **b** Zwischen A-Filamenten gelegenes M-Filament mit geneigten Halsteilen und losem Kopfkontakt **c** Bei Erregung auftretende Streckung des Halsteils **d** Anhaften des Kopfes am A-Filament **e** Rückkehr zur Neigung, womit der Einzug von M zwischen A im Sinne der Kontraktion um einige Nanometer gesteigert wird

1 Voraussetzungen   **31**

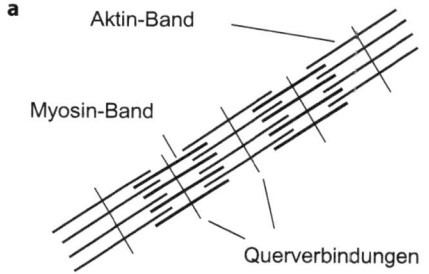

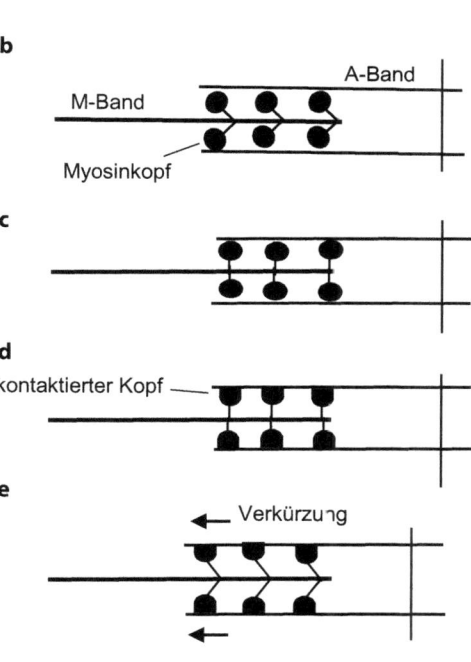

den sogenannten Filamenten. Periodische, teilweise Überlappung resultiert im mikroskopischen Abbild in dunklen Streifen, was zur Bezeichnung als quergestreiftes Muskelgewebe Anlass gegeben hat. Lange A-Filamente sind durch eine Querplatte zu einer mechanischen Einheit verbunden. Teleskopartig zwischen sie eingeschoben finden sich kürzere M-Filamente, die ihrerseits durch eine molekulare Platte verknüpft sind.

1.5.2 Dosierung der Kontraktion

Der gesunde Organismus zeigt globale Bewegungsfähigkeit großer Geschwindigkeit, aber auch Möglichkeiten fein abgestufter Handarbeit in kleinsten Bereichen. Dazu hat die Evolution ein einheitliches Antriebsprinzip geschaffen, wie es in moderner Technik als Nanomaschine angestrebt wird (bisher ohne größeren Erfolg). Jede Muskelkontraktion resultiert aus Verkürzungsquanten, die mit zehn Nanometern begrenzt sind; eine Anspannung des Bizeps ergibt sich also aus vielen Millionen derartig kleiner Quanten. Die Größenordnung folgt aus der entsprechenden Länge von M-Molekülenden, die aus dem M-Filament herausragen und den eigentlichen Antrieb besorgen. Wie schon erwähnt, konnte sein Grundprinzip durch Einsatz der Röntgenstrukturanalyse aufgeklärt werden. Dabei ergeben sich im Wesentlichen *vier Funktionsschritte*, die in den Skizzen von Abb. 1.6 angedeutet sind. Für physikalisch kompatiblen freien Willen verweisen Dualisten gerne auf die Aktivierung submikroskopischer Strukturen, wofür sich die molekularen Köpfe unmittelbar anbieten würden.

Der tatsächlich sehr komplexe Vorgang lässt sich weitgehend beliebig wiederholen und wird von zahllosen asynchron zusammenarbeitenden Köpfen unterstützt. Gemeinsam „rudern" sie die A-Teile zwischen die M-Teile ein (Abb. 1.6e) – analog zur Bewegung eines Bootes, wo die Ruder vorausgreifen und den Antrieb schrittweise gegen den Widerstand des Wassers besorgen.

Praktisch kontinuierliche *Bemessung von Einzugslänge und Muskelkraft* ergibt sich, indem sich das steuernde Nervensystem zahlreicher Variabler bedient: Unterschiedlich viele Motoneurone können mit angepasster Impulsfrequenz aktiviert werden; die Erregungen werden auf zahllose Bündel von Zellen verteilt, woraus zeitlich/räumlicher Spielraum nahezu unbegrenzter Abstufung resultiert. Aktuelle Grade der Kontraktion werden durch Muskelspindeln – de facto Dehnungssensoren, wie im Abschn. 1.3.2 beschrieben – erfasst. An das zentrale Nervensystem laufende Rückmeldungen werden nach Ist und Soll verwertet und in die Steuerung einbezogen.

Eine *aus freiem Willen zustande kommende Handlung* wäre nun so zu verstehen, dass das Gehirn in autonomer Weise die Ingangsetzung besorgt. Dies impliziert aber nicht, dass die Handlung ihrer Planung gemäß zur Ausführung kommt. Eine dafür notwendige Bedingung ist, dass alle im Obigen zusammengefassten Teilschritte der Willensumsetzung vom neuromuskulären System defektfrei besorgt werden. Die Blockade einer einzigen Teilfunktion kann die Handlung unterbinden. Dem freien Willen zum Trotz.

1.6 Registrierung neuronaler Erregungen

Als wohl wichtigste Voraussetzung der modernen Hirnforschung stehen vier nichtinvasive Verfahren zur Erfassung neuronaler Erregungen zur Verfügung. Die Elektroenzephalographie (EEG) registriert zeitliche Abläufe, desgleichen die Magnetoenzephalographie (MEG) – bei großem Aufwand, doch deutlich erhöhter Informationsdichte. Verschiedene Varianten der Kernresonanz (NMR) erbringen hohe lokale Auflösung, wobei auch Stoffwechselphänomene erfassbar sind. Dies gelingt auch mit Positronen-Emissionstomographie (PET), wenngleich mit dem Nachteil des Bedarfs an Kontrastmittel.

1.6.1 Elektroenzephalographie (EEG)

Ein geradezu klassisches Hilfsmittel der Hirnforschung ist durch die *Elektroenzephalographie* (EEG) gegeben. Ihr verdanken wir die gute Kenntnis über das Zusammenspiel verschiedener Teile des Gehirns – und vor allem über die spezifische Bedeutung einzelner Felder (Areale) des Kortex.

EEG-Signale werden, wie alle Varianten elektrischer Biosignale mit simplen Elektroden erfasst. Platziert werden sie meistens auf der Haut – im Nahbereich jener Region des Nervensystems, die aus Gründen der Diagnose oder Analyse im speziellen interessiert. Eine neuronale Erregung passiert das Elektrodensystem so, als wäre sie eine mit Geschwindigkeit bewegte Stromquelle, die das Gewebe der Haut mit elektrischer Spannung versorgt. Mit Hinblick auf die universelle Bedeutung des EEG sei das Grundprinzip im Folgenden kurz skizziert.

Zur Erleichterung des Verständnisses sei zunächst vom in Abb. 1.7a skizzierten *Fall einer einzigen Nervenfaser* ausgegangen. Angedeutet sind zwei extrazelluläre Mikroelektroden ME1 und ME2, wie sie schon vor Jahrzehnten angesetzt wurden, um die von Schnürring zu Schnürring resultierende Verzögerung extrazellulärer Stromflüsse nachzuweisen. Der Ausgleichsstrom erbringt an der zwischen ME1 und ME2 liegenden zellulären Flüssigkeit endlicher Leitfähigkeit einen Spannungsabfall in Form eines etwa 1 ms dauernden Impulses. Er resultiert daraus, dass ME2 kurzzeitig auf höherem Potenzial liegt als ME1.

Im Sinne eines bloßen „Strömchens" nach Abschn. 1.3.2 ist der von einer einzigen Nervenfaser ausgehende Ausgleichsstrom äußerst schwach und nur im Nahbereich der Faser messtechnisch erfassbar. Viel stärkere Intensitäten kommen auf, wenn der *Fall eines ganzen Nervs* gegeben ist. Mit Abb. 1.7b sei etwa angedeutet, dass ein Nerv dem Unterarm entlangläuft, in geringem Abstand von der Haut. Sind viele Fasern gemeinsam erregt, so resultiert ein gegenüber der Einzelfaser deutlich verlängerter Erregungsabschnitt, allein schon durch gestreute Leitungsgeschwindigkeit aufgrund von Faserdickenunterschieden. Damit ist es gut vorstellbar, dass die Summe der Ausgleichsströme bis an die Haut heranströmt. Auf die Haut aufgeklebte Hautelektroden HE1 und HE2 geraten da-

a

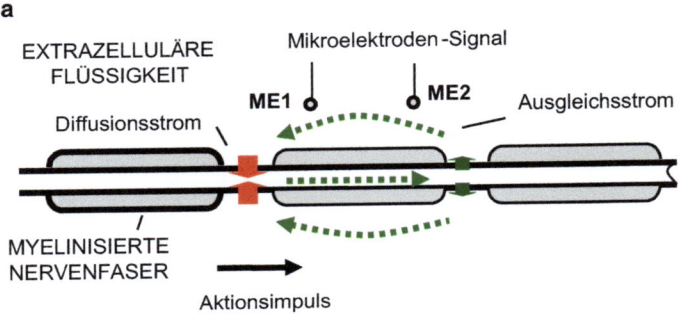

b

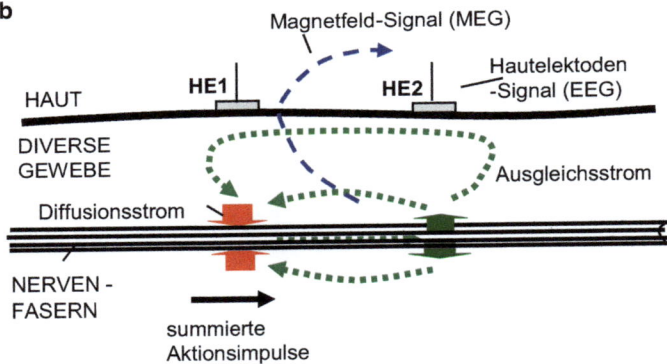

Abb. 1.7 Schematische Darstellungen zur Registrierung elektrischer und magnetischer Biosignale. *Anmerkung*: Nur vorwärts, in Richtung des Aktionsimpuls-Fortlaufs gerichtete Ausgleichsströme sind angedeutet. **a** Registrierung eines Aktionsimpulses im Nahbereich einer erregten Nervenfaser durch zwei Mikroelektroden ME1 und ME2. **b** Weitgehend analog funktionierende Registrierung eines durch ein erregtes Neuronenbündel generierten EEG-Signals durch zwei Hautelektroden HE1 und HE2. Als Alternative kann über der Haut – das heißt kontaktlos – mit einem SQUID das entsprechende MEG-Signal registriert werden. Eine mit der elektrischen Strömung verkoppelte Magnetfeldlinie ist in blauer Farbe angedeutet

mit auf unterschiedliche Potenziale – die *Grundlage für die Messung von Biosignalen.*[13]

Die Konstellation von Abb. 1.7b entspricht jener, dass die erregten Fasern zur Haut parallel verlaufen. Im Falle des EEG liegen komplexe geometrische Bedingungen vor. Das physikalische Grundprinzip gilt im Prinzip aber auch hier: Der Durchlauf von Aktionsimpulsen durch ein Bündel weitgehend parallel zueinander liegender Axonen ergibt einen Ausgleichsstrom im umliegenden Gewebe. Damit treten zwischen einzelnen Aufpunkten der Hirnoberfläche Potenzialdifferenzen im Sinne elektrischer Spannungen auf. Aus ihrem zeitlich/räumlichen Verlauf lässt sich der Erregungsverlauf rekonstruieren.

Messungen an der freigelegten Hirnoberfläche lassen sich bei bestimmten Operationen vornehmen, nicht aber routinemäßig. Hier kommen *Elektroden an der Kopfhaut* zum Einsatz. Die entsprechenden Signale sind stark abgeschwächt, da die weitgehend isolierende Wirkung der Schädeldecke nur sehr geringe Anteile der Ausgleichsströme an die Haut heranfließen lässt. Neben Empfindlichkeitsverlust ergibt sich beschränkter regionaler Rückschluss. Trotzdem ist EEG auf Grund sehr geringen Aufwands die praktikabelste Methode zur Untersuchung zeitlich/räumlicher Entwicklungen neuronaler Erregungen. EEG bietet die Auflösung Millisekunden dauernder Prozesse, wie sie in einzelnen Feldern des Kortex auftreten. An sensorischen Feldern erlaubt die Technik das Registrieren sogenannter

---

[13] Im beschriebenen Fall würde es sich um ein Elektromyographiesignal (EMG) handeln. Der grundlegende Mechanismus ist aber allen Arten von Biosignalen gemein.

evozierter Signale (Abschn. 2.7.3), an motorischen Feldern das von Bereitschaftssignalen (Abschn. 3.2.1).

1.6.2 Brain/Computer-Interfaces (BCIs)

Wegen der rasch zunehmenden Bedeutung sei kurz auf eine sehr spezifische Anwendung des EEGs eingegangen – auf sogenannte Brain/Computer-Interfaces (BCIs).[14] Als ihr Grundgedanke werden spezifische zeitlich/räumliche Muster von EEG-Signalen für Steuerungszwecke verwendet. Die Erfassung der Signale erfolgt über Kopfhaut-Elektroden, aber auch über in den Kortex implementierte Elektroden. Zur Identifizierung von Signalmustern können unter anderem am Computer abgelegte künstliche neuronale Netze (ANNs; s. Abschn. 3.8.1) eingesetzt werden. Letztlich werden die erkannten Muster meist zur Erkennung von Willensprozessen genutzt. Zur Umsetzung des Willens werden Aktuatoren angesteuert.

Erste praktische *Anwendungen* konzentrierten sich auf einfache Unterscheidungen, wie „Bewegung nach links" bzw. „Bewegung nach rechts", etwa zur Steuerung des Cursors eines Computers durch einen Querschnittsgelähmten. Differenziertere Aufgaben betreffen heute z. B. die Steuerung einer Hand- oder Beinprothese durch rein gedanklich formulierte Willensbildungen. Eine weitere Zielrichtung ist die Bedienung technischer Apparate durch schwer behinderte Personen. Zur leichteren Konkretisierung der gedanklichen Formulierung dient u. a. die Kodierung der Aufgabe durch Lichtsignale deutlich verschiedener Takt-

---

[14] Vgl. z. B. *Nicolelis et al.* 2004 und *Wolpaw und Winter-Wolpaw* 2012.

frequenzen. So kann die Konzentration auf ein langsam mit drei Hertz blinkendes Lämpchen bewirken, dass sich die Lautstärke des Fernsehers reduziert, mit 30 Hz sehr rasches Blinken mag bedeuten, dass ein telefonischer Anruf entgegengenommen wird.

Der Umsetzung des BCI-Prinzips sind kaum Grenzen gesetzt. So versuchen sich einschlägig tätige Wissenschaftler „mental" zu vernetzen. Ihre aufbereiteten EEG-Signale werden weltweit übertragen. Letztlich dienen sie über entsprechende Elektroden zur Stimulierung des Gehirns des Kollegen, dem die Willensbildung somit übermittelt wird. Als Beispiel der Reaktion bewegt er seine rechte Hand entsprechend der vom fremden Gehirn formulierten Vorgabe.

Als bedenkliche Vision lassen sich missbräuchliche Anwendungen erwarten. Als Fortentwicklung des Lügendetektors verspricht das BCI-Prinzip die „Anzapfung" von Gedankeninhalten bzw. von in Speichern des Gehirns abgelegtem Wissen. Besondere Bedenken beziehen sich auf totalitäre Systeme, oder auch auf moderne Formen des Terrorismus.

1.6.3 Magnetoenzephalographie (MEG)

Zumindest in Kürze zu beschreiben ist auch die sogenannte Magnetoenzephalographie (MEG).[15] Sie nutzt den Umstand, dass jeglicher Stromfluss ein magnetisches Feld nach sich zieht (Abb. 1.7b). Das gilt auch für Diffusions- und Ausgleichsströme des Gehirns, mit dem Vorteil, dass kon-

---

[15] Vgl. die sehr eingehende Beschreibung in *Williamson und Kaufmann* 1981 sowie auch *Mizutani und Kiruki* 1986.

taktlose Messung durch sogenannte SQUID-Detektoren (super-conducting quantum interference device) möglich ist. Allerdings sind die über der Haut des Schädels aufkommenden Feldstärken von der äußerst geringen Größenordnung von Femto-Tesla (Millionstel der Erdfeldstärke). Die Registrierung macht damit sehr aufwendig geschirmte Räume zur Voraussetzung. Sie sind nur in Sonderfällen gegeben, weshalb die Methode der Grundlagenforschung vorbehalten ist. Gegenüber dem EEG können erregende Neuronen in ihrem Abstand von der Schädeldecke und ihrer räumlichen Ausrichtung geortet werden, wenngleich mit hohem Aufwand.

1.6.4 Kernresonanz (NMR)

Bezüglich des in den letzten Jahren gelungenen Durchbruchs der Hirnforschung sind zwei weitere Verfahren – NMR und PET – zu diskutieren, wobei schon im Voraus betont sei, dass ihnen sehr komplexe Mechanismen zugrunde liegen. Von Vorteil ist, dass sie besonders gute örtliche Auflösung bieten und bildgebend sind. Andererseits ist schwache zeitliche Differenzierung gegeben, indem sich zur Detektion genutzter vermehrter Blutfluss bzw. verstärkter Stoffwechsel nicht spontan einstellen und darüber hinaus lange Messzeit anfällt. Die *dynamische* Entwicklung von neuronalen Erregungen macht nach wie vor den Einsatz von Methoden des EEG bzw. MEG notwendig.

Die *magnetische Kernspinresonanz* (NMR; nuclear magnetic resonance) ist zum Routinewerkzeug der Hirnforschung geworden. Doch annähernd nachvollziehbare, korrekte Darstellungen der physikalischen Funktion sind in der biologischen Literatur nicht zu finden. Angesichts der so großen Bedeutung für die Hirnforschung sei im Folgenden der Versuch unternommen, zumindest den Grundgedanken des NMR allgemein verständlich zu machen, indem eine rein energetische Deutung vorgenommen wird.

NMR basiert darauf, dass man den Kernteilchen von Atomen – also Protonen und Neutronen – ein magnetisches Moment zuordnen kann. Der Atomkern als Gesamtheit ist damit magnetisch aktiv, analog zu einer Kompassnadel, die selbst ein Magnetfeld aufbaut, die sich – vor allem aber – durch ein äußeres Magnetfeld selbst räumlich ausrichten lässt.

Einfachste Verhältnisse liegen beim *Wasserstoffatom* H vor. Hier besteht der Atomkern aus einem einzigen Proton. Darüber hinaus ist H mit großem Abstand das häufigste Element biologischer Materie – quasi wimmelt es davon in unserem Körper. Ohne dass es uns besonders bewusst ist, verbringen wir unser Leben im geomagnetischen Feld. Mit einer Stärke von etwa 1/20.000 Tesla ist es äußerst schwach. Nach der Quantentheorie des Magnetismus sind damit 50 % der Momente des Organismus parallel zum Feld orientiert, die anderen 50 % antiparallel (Abb. 1.8a). In der Magnetspule einer NMR-Anlage wirkt auf unseren Körper nun eine Feldstärke von 1 bis 7 Tesla. Das sind äußerst hohe Werte, die nur mit großem Aufwand (u. a. supraleitenden Spulen) erzeugt werden können. Trotz des extrem starken Feldes kommt es nur zu einer ganz schwachen pauschalen Magnetisierung – über die 50 % hinaus klappt nur ein kleiner Anteil der Momente in die energetisch gesehen günstigere Feldrichtung um (Abb. 1.8b).

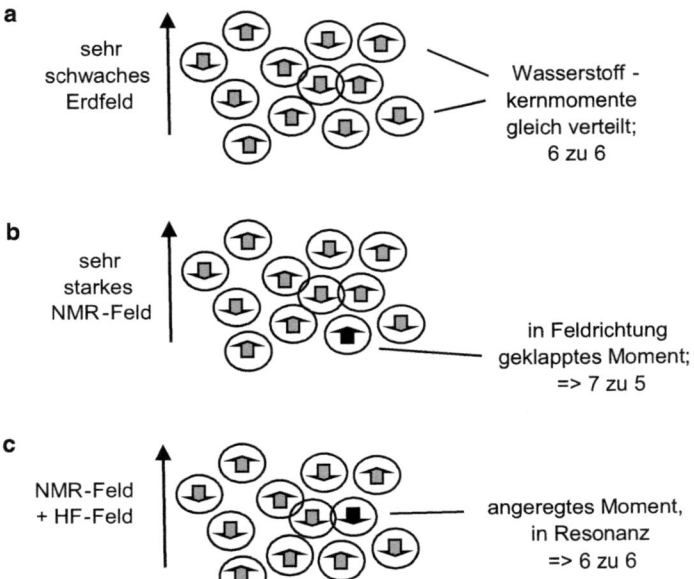

Abb. 1.8 Einstellung der magnetischen Kernmomente von Wasserstoffatomen im Magnetfeld als Voraussetzung für NMR. **a** Einwirken alleine des sehr schwachen Erdfeldes erbringt de facto verschwindende Gesamtmagnetisierung. **b** Das extrem starke NMR-Feld erbringt Umklappen eines Teiles der Momente in die Feldrichtung. **c** Das zusätzlich applizierte HF-Feld führt zu kurzzeitigen Umklappprozessen in die „falsche", der Feldrichtung entgegen gesetzte Richtung. *Anmerkung:* Es handelt sich hier im Übrigen um ein anschauliches Beispiel zu Quantenprozessen, wie sie von Dualisten zur Deutung von freiem Willen ins Treffen geführt werden

Kernresonanz ist nun dann gegeben, wenn ein zunächst in Feldrichtung orientiertes Moment durch äußere Energiezufuhr E in die antiparallele Richtung umgeklappt wird (Abb. 1.8c). Energetisch gesehen ist dies die ungünstige, quasi falsche Einstellungsrichtung. Demgemäß geht sie nach kürzester Zeit wiederum verloren. Mit einer Zeitkonstante T von bis zu einer Sekunde klappt das Moment zurück in die günstige Paralleleinstellung (Abb. 1.8b).

Von großer praktischer Bedeutung ist, dass die Resonanz nur aufkommt, wenn die Energiezufuhr E exakt der Differenzenergie zwischen den beiden Zuständen entspricht. Veranschaulichen kann man dies in *Analogie zu einer Kompassnadel*. Im „richtigen" Fall ist die Nadel parallel zum Feld orientiert. Im Gedankenexperiment wollen wir nun der Nadel Energie E zuführen. Das geht ganz einfach: Wir stoßen ein Ende der Nadel mit dem Finger leicht an. Damit wird sie aus der Ruhelage ausgelenkt, z. B. um 60°. Sodann schwingt sie zurück und kommt pendelnd allmählich zum Stillstand. Stoßen wir stark an, dann macht die Nadel eine volle Umdrehung (entspricht 360°), um anschließend auszupendeln. Mit sehr viel Geschick (und Glück) kann es gelingen, den Stoß so zu bemessen, dass wir die Nadel exakt um 180° auslenken und dass sie in dieser indifferenten, labilen, „falschen" Lage quasi stecken bleibt. Wir haben dann exakt jene Energie E_R aufgebracht, die zu „Resonanz" führt. Die kleinste Erschütterung wird nun aber genügen, um das labile Gleichgewicht zu stören, wonach die Nadel in die richtige Einstellung zurückkehrt. Die Zeitkonstante T der Rückkehr wird dabei von der Viskosität der Nadelumgebung abhängen. Beispielsweise wird sie deutlich verändert ausfallen, wenn wir das Experiment nicht in Luft, sondern in Öl durchführen. Aus der Messung von T könnten wir auf das Medium zurückschließen – wie man es in analoger Form beim NMR tut, um verschiedene Gewebearten zu unterscheiden.

Was bedeutet das alles nun für die *Anwendung auf das Gehirn*? Der Kopf des Patienten wird in ein Feld eingebracht, das absolut homogen ist. Zusätzlich wird ein elektromagnetisches Kurzwellenfeld wirksam gemacht. Seine Quantenenergie wird so gewählt, dass sie exakt jene Differenzenergie E_R ausmacht, die zwischen „richtiger" und „falscher" Einstellung der Momente der im Gewebe enthaltenen Wasserstoffkerne aufkommt. Je mehr Momente in die falsche Einstellung kippen, umso mehr Kurzwellenenergie wird vom Gewebe absorbiert, was man messtechnisch leicht erfassen kann. Ohne weitere Maßnahmen würde der Absorptionswert A allerdings nur über die *Gesamtzahl* resonanter Atome Auskunft geben und somit ziemlich bedeutungslos sein.

Bedeutung erhält die Methode durch *örtliche Auflösung* resonanzfähiger Gewebebereiche, mit Aussagen über Regionen von etwa 1 mm Größe. Man erreicht sie, indem das Magnetfeld an jedem Aufpunkt des untersuchten Gewebes winzig kleine Unterschiede aufweist. Damit tritt Resonanz nur für einen kleinen Raumbereich auf, und die gemessene Absorption entspricht der *lokalen* Wasserstoffkonzentration. Sequentielles Anpeilen vieler Aufpunkte einer durch das Gehirn gelegten virtuellen Schnittebene lässt Anomalien wie Tumore erkennen. Verbesserte Kontraste ergeben sich dabei, wenn statt dem Absorptionswert die schon erwähnte, als Relaxationszeit bezeichnete Zeitkonstante T

ausgewertet wird. Zu ihrer Bestimmung wurden viele Varianten impulsartiger Anregungen entwickelt.[16]

Für die *Ortung von neuronalen Erregungen* des Gehirns ist NMR erst interessant geworden, als es gelungen ist, die mit der Erregung verbundene Durchblutungssteigerung zu registrieren. A priori zeichnet sich Blut durch geringe Viskosität und damit hohe Zeitkonstante T von bis zu einer Sekunde aus. Darüber hinaus erbringt *bewegtes* Blut spezifische Werte wegen verkürzter Aufenthaltszeit am jeweiligen Resonanzort. Und schließlich macht moderne NMR-Technologie auch spektroskopische Analysen in vivo möglich.

1.6.5 NMR-Spektroskopie

Die *NMR-Spektroskopie* basiert darauf, dass der Resonanzenergiewert E_R von der Anzahl der Elektronen abhängt, die den Atomkern umgeben. Ist der Wasserstoff molekular an große Nachbarn gebunden, so ergeben deren viele Elektronen einen Abschirmeffekt. Damit kann sich E_R um einige ppm (parts per million) verändern, eine Verschiebung, die sich registrieren lässt. Das eröffnet Möglichkeiten, im Gehirn auftretende molekulare Veränderungen on-line und nicht-invasiv zu studieren. Von sensorischen Signalen im

---

[16] Die technische Herausforderung besteht darin, in kurzer, für den Patienten und den Anlagenbetreiber akzeptabler Zeit von z. B. 15 min ein Höchstmaß an Information zu gewinnen. Dabei nutzt man, dass HF-Impulsen ein Spektrum vorwählbarer Breite zukommt. Pro Impuls wird damit eine Vielzahl von Aufpunkten resonanzfähig. Die Signalrekonstruktion gelingt mit Methoden der Fourieranalyse und -synthese.

betreffenden Areal des Kortex ausgelöste chemische Prozesse werden damit zunehmend registrierbar gemacht.

Ergänzend sei erwähnt, dass neben Wasserstoff auch andere, *schwerere Elemente* resonanzfähig sind. An Makromolekülen hat Wasserstoff meist peripheren Charakter. Relevanter sind *zentrale* Elemente, wie Kohlenstoff und – im Speziellen – Phosphor. Seine Elektronen-Umgebung verändert sich beim Abbau von ATP. Damit erfasst NMR Verstärkungen von Stoffwechselprozessen als Indiz lokaler Erregung spezifischer Regionen des Gehirns.

1.6.6 Positronen-Emissionstomographie (PET)

Das Obige verdeutlicht, dass die Entwicklung von NMR keineswegs abgeschlossen ist. In zunehmendem Maße zeigen sich universelle Anwendungsmöglichkeiten. Trotzdem besteht Bedarf nach ergänzenden Methoden. Eine ist die *Positronenemissionstomogaphie* (PET).[17] Auch sie arbeitet nicht-invasiv, allerdings mit dem Nachteil notwendiger Markierung. Dem Probanden wird ein strahlendes Präparat gespritzt, das zwei wesentliche Eigenschaften aufweist:

(1.) Es emittiert Positronen als Antiteilchen von Elektronen im Sinne von Beta-plus-Strahlung.
(2.) Das Präparat wird vorzugsweise dort umgesetzt, wo neuronale Erregungen im Gange sind, die damit nach Ort und Intensität registrierbar sind.

---

[17] Vgl. z. B. *Wienhard et al.* 2011.

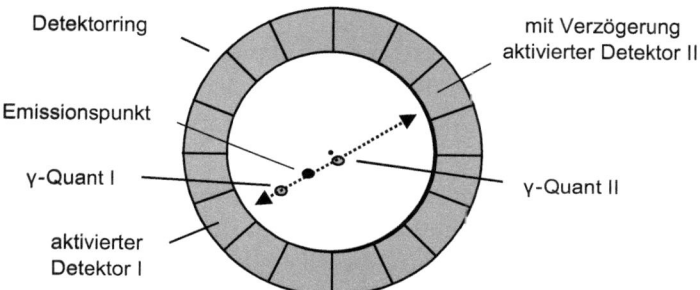

Abb. 1.9 Grundprinzip des PET-Verfahrens. Um den Schädel wird ein Detektorring angeordnet, der eine hohe Zahl von Einzeldetektoren enthält. Nahezu gleichzeitig registrierte Strahlenquanten ergeben eine Achse, die den Emissionspunkt als Erzeugende hat. Eine eindeutige Ortung gelingt bei Bestimmung der Flugzeitdifferenz. Beispielsweise ist die Flugzeit für das rechte Strahlungsquant II etwa doppelt so groß als für das linke I

Die *Detektion* basiert darauf, dass sich ein emittiertes Positron mit einem Elektron egalisiert. Damit wird exakt definierte Strahlungsenergie frei, die in den Bereich der Gammastrahlung entfällt. Der springende Punkt ist, dass zwei Gammaquanten I und II entstehen, die mit exakt konträrer Richtung abgestrahlt werden (Abb. 1.9). Ringförmig um den Schädel wird nun ein Detektorring angeordnet, der segmentartig eine Vielzahl von Strahlungsdetektoren enthält. Aus einem Paar von fast gleichzeitig auftretenden Detektionsereignissen kann damit eine gerade Achse erkannt werden, welche den Ort der Abstrahlung als Erzeugende enthält. Aus den vielen, im Verlauf einiger Minuten auftretenden Ereignissen können letztlich mit entsprechender PC-Software die Orte der Emission rekonstruiert werden. Als bessere Option wird beim TOF-Verfahren (time of flight) die Flugzeitdifferenz der beiden Quanten gemessen. Daraus ergibt sich der Aufpunkt entlang der Achse, und das Rekonstruktionsproblem vereinfacht sich in entscheidender Weise.

Die *praktische Bedeutung* liegt vor allem in strahlend gemachter Glucose. Verarbeitet ein Feld des Kortex sensorische Signale in massiver Weise, so ergibt sich lokal gesehen erhöhter Stoffwechsel und somit gesteigerter Glucoseumsatz. Mit Methoden der Differenzbildung kann die Region geortet werden, wenngleich mit relativ geringer örtlicher und sehr geringer zeitlicher Auflösung.

Literatur

Aristoteles (2005) Metaphysik. Philipp Reclam jun., Stuttgart

Armstrong DM (1970) Nature of Mind. In: Mind Brain Identity Theory. Macmillan, London

Eccles JC (1989) Die Evolution des Gehirns – die Erschaffung des Selbst. Piper, München

Eccles JC (2000) Das Gehirn des Menschen. Seehamer, Weyarn

Hodgkin AL, Huxley AF (1945) Resting and action potentials in single nerve fibres. J Physiol 104:176–195

Jeck UR (2007) Fichtes Freiheitsbegriff im Kontext seiner philosophischen Gehirntheorie. In: Hat der Mensch einen freien Willen? Reclam, Stuttgart

Katz B (1974) Nerv, Muskel und Synapse. Thieme, Stuttgart

Koch C (2013) Bewusstsein – Bekenntnisse eines Hirnforschers. Springer Spektrum, Berlin Heidelberg

Kornhuber HH, Deecke L (1965) Hirnpotentialänderungen bei Willkürbewegungen und passiven Bewegungen des Menschen: Bereitschaftspotential und reafferente Potentiale. Pflügers Arch Physiol 284:1

Libet B, Wright EW Jr., Feinstein B, Pearl DK (1979) Subjective referral of the timing for a conscious sensory experience: a functional role for the somatosensory specific projection system in man. Brain 102:193

Libet B (2007) Mind Time. Suhrkamp, Frankfurt am Main

Mizutani Y, Kiruki S (1986) Somatically evoked magnetic field in the vicinity of the neck. IEEE TransBiomed Eng 33:510

Neher E, Sakmann B (1992) Die Erforschung von Zellsignalen mit der Patch Clamp Technik. Spektrum d Wissensch 5:48

Nicolelis MAL, Birbaumer N, Müller KL (Hrsg) (2004) Brain-Machine Interfaces – 30 Papers. IEEE Trans Biomed Eng 51:877–1086

Pfützner H (2012) Angewandte Biophysik. Springer, Wien New York

Popper KR, Eccles JC (1982) Das Ich und sein Gehirn. Piper, München

Pschyrembel Klinisches Wörterbuch (2002) Berlin. Walter de Gruyter, New York

Roth G (2001) Fühlen, Denken, Handeln. Suhrkamp, Frankfurt am Main

Roth G (2003) Aus Sicht des Gehirns. Suhrkamp, Frankfurt am Main

Silbernagl S, Despopoulos A (2007) Taschenatlas Physiologie. Thieme, Stuttgart New York

Wang Y, Gao X, Hong B, Jia C, Gao S (2008) Brain-computer interfaces based on visually evoked potentials. IEEE Eng Med Biol Magazine 27:64

Wienhard K, Wagner R, Heiss WD (2011) PET. Springer, Berlin

Williamson SJ, Kaufman L (1981) Biomagnetism. J Magn Magn Mater 22:129

Wolpaw IR, Winter-Wolpaw E (2012) Brain-computer interfaces – Principles and practice. Oxford Univ. Press, New York

2
Sensorische Signale und ihre Bewusstwerdung

2.1 Neuronale Vernetzung sensorischer Signale

Die synaptische Verschaltung von vielen Milliarden Neuronen ist einerseits durch robust machende Parallelität, andererseits durch datenreduzierende Bündelung charakterisiert. Rückwärts gerichtete, hemmende Neuronen bewirken eine zeitliche Kontrastierung, in Nebenbahnen gerichtete eine räumliche. Somit konzentriert sich die Verarbeitung des Gehirns auf Aktuelles und Bedeutungsvolles.

2.1.1 Neuronale Grundschaltungen

Die vorangegangenen Abschnitte haben die Entstehung neuronaler Erregungen durch Sensorzellen behandelt sowie die Weiterleitung der Signale über Axone und Synapsen. Nach dem beschriebenen Grundprinzip arbeiten die hundert Milliarden am Nervensystem beteiligten Neuronen. Durch eine noch weit größere Anzahl von Synapsen sind sie zu einem Netzwerk verknüpft, wobei anzunehmen ist, dass jedes Neuron mit jedem anderen letztlich in irgendwelcher Verbindung steht. A priori ergeben sich unendlich viele Möglichkeiten der Verschaltung. Doch finden sich Schaltungsmuster, die sich in verschiedensten Ebenen wiederholen, womit wir sie als *Grundschaltungen* einstufen können. Besonders klar ausgeprägt sind sie an der Peripherie, einschließlich des Rückenmarks. Im Folgenden wird zunächst auf afferente – zum Gehirn gerichtete – Vernetzung eingegangen. Analoge Schaltmuster finden sich auch für den zur Peripherie gerichteten Rückweg, der im Kap. 3 behandelt wird.

Die Mannigfaltigkeit der Sensoren und ihre Verteilung über den gesamten Organismus bedeuten, dass er selbst im Zustand scheinbarer Ruhe von vielen sensorischen Erregungen erfüllt ist. Ihre gesamtheitliche Weiterleitung an zentrale Regionen des Gehirns würde seine Überforderung bedeuten. Zu ihrer Vermeidung hat die Evolution Mechanismen der Bündelung, Konzentrierung, Filterung und Verkopplung entwickelt. Neuronale Vernetzung führt zur *Reduktion der Datenmenge*. Dies geschieht etappenweise; zunächst in den Eingangsregionen des zentralen Nervensystems. An das sensorische Verarbeitungszentrum des Großhirns letztlich gelangen nur solche Informationen, die durch besondere Relevanz und Aktualität gekennzeichnet sind. Und für den Prozess der Bewusstwerdung gilt dies schließlich auch, jedoch bei noch viel weiter gesteigerter Selektion.

Die im Nervensystem insgesamt transportierte Datenmenge ist ungeheuerlich groß, da funktionelle Verbindungen nicht einfach geführt werden, sondern in ausgeprägter *Parallelität*. Computer verwenden serielle Abarbeitung. Als ihr Nachteil kann eine einzige Fehlstelle zur Blockade des Gesamtbetriebes führen. Die entsprechende Defektanfälligkeit wäre für das Nervensystem fatal. Wohl aus dieser Erfahrung schaffte die Evolution ein System, das serielle Logik mit Parallelität der Leitungsführung verbindet. Funktionell gesehen sind Neuronen zwar hintereinander geschaltet. Doch als Tendenz ist jede Verbindung vielfach ausgeführt, mit dem Vorteil, dass Zerstörung oder Degeneration von einzelnen Neuronen in gewissen Grenzen ohne Auswirkung bleibt.

Die *Grundtendenz paralleler Verschaltung* ist in Abb. 2.1 angedeutet. Skizziert ist ein Axonenbündel 1 (etwa als Teil eines Nervs), das sensorische Erregungen über die Bahn 2 in Richtung Gehirn weiterleitet. Dazwischen liegende synaptische Umschaltung ermöglicht, dass die Verhältnisse durch ein Bündel 3 mitbestimmt werden können. Typisch ist, dass sogenannte Divergenz auftritt, das heißt Kollaterale (= Verästelungen) verteilen die Aktionsimpulse eines Axons über erregende Synapsen an viele nachfolgende Neuronen. Aktionsimpulse repräsentieren *digitale* Signale. Konvergenz – das heißt parallele Signalübergabe an viele Synapsen eines nachfolgenden Neurons – hingegen führt integrativ zu einem summarischen und somit *analogen* Signalverlauf. Am Axonhügel ergeben sich Ausgleichsströme, deren Stärke – im Sinne analoger Überlagerungen – mit zunehmender Anzahl feuernder Synapsen zunimmt. Wie im Abschn. 2.4.2 diskutiert, ergibt sich Zunahme auch aus großem Querschnitt einer Synapse und auch aus geringer Entfernung zwischen Synapse und Axonhügel.

Wie eben erwähnt, führt die Summation synaptischer Erregungen zu analogem Signalcharakter entlang von Dendriten und Soma bis hin zum Axonhügel. Gegenüber den nur Millisekunden dauernden einlangenden Aktionsim-

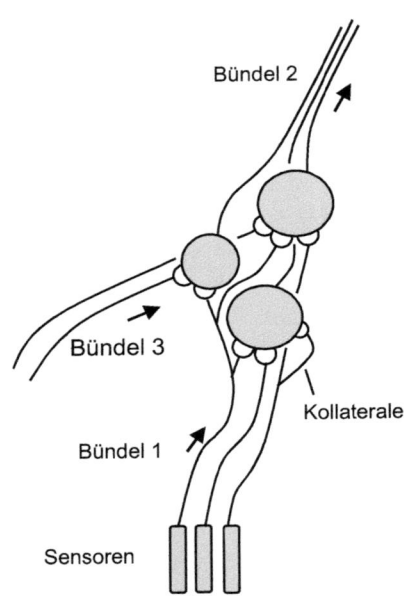

Abb. 2.1 Serielle Fortleitung sensorischer Signale in Richtung Gehirn, wobei gebündelte, parallele Ausführung der einzelnen Etappen erhöhte Betriebssicherheit erbringt. Entlang individueller Axone ist digitale Verarbeitung gegeben. Summation synaptischer Eingänge erbringt analoge Signalverläufe im Bereich von Dendriten und Soma. Die beiden Komponenten sind hier und im Weiteren zum Symbol eines Kreises zusammengefasst, wie in der Literatur allgemein üblich

pulsen können lang gezogene Ausgleichsströme resultieren, da *zeitlich verteiltes Eintreffen* der Impulse zu erwarten ist. Gewisse Streuung resultiert schon aus unterschiedlichen Längen der Sensoraxone, viel stärkere aber aus unterschiedlichen Querschnitten, wobei große Durchmesser ja hohe Signalgeschwindigkeit ergeben und umgekehrt.

2.1.2 Zeitliche und räumliche Kontrastierung

Besonders wichtig sind Grundschaltungen, an denen *inhibitorische Neuronen* beteiligt sind. Typisch ist, dass Axone von erregenden Neuronen in Umschaltregionen Kollaterale aufweisen, die hemmende Neuronen befeuern. Sie enden ihrerseits an Endknöpfen, die inhibitorische Transmitter ausschütten, für welche die postsynaptischen Neuronen rezeptorisch empfänglich sind. Im Fall der Bahn A von Abb. 2.2 wirkt das schwarz markierte inhibitorische Neuron in die eigene Bahn zurück. Diese zunächst sinnlos erscheinende Verschaltung ergibt *zeitlichen Kontrast*: Aktuell neu auftretende sensorische Erregungen werden unbeeinflusst in Richtung Gehirn weiter geleitet. Bleibt die Reizung hingegen bestehen, so kommt die hemmende Synapse in integrativer Weise zur Wirkung. Erregende Ausgleichsströme werden teilweise kompensiert. Aktionsimpulse kommen damit verzögert zustande, doch können sie auch gänzlich unterbleiben. Die Folgefrequenz von zum Gehirn laufenden Impulsen wird der Tendenz nach reduziert. Sinnhaftigkeit ist insofern gegeben, als das Gehirn von aktuell aufkommendem Geschehen Informationen erhält, von stationärem, wenig relevanten aber entlastet wird (zugunsten von Interessanterem).

Inhibitorische Synapsen arbeiten auch von einer Bahn in benachbarte andere, wie es in Abb. 2.2 für die Bahnen B bzw. C skizziert ist. Daraus resultiert *örtlicher Kontrast*. Generell gilt, dass eine stark erregte Region des Nervensystems andere Regionen hemmend beeinflusst. Dieses Prinzip gegenseitiger Rivalität begünstigt die Bearbeitung von Relevantem auf Kosten von Informationen geringerer Bedeutung. Örtlicher Kontrast findet sich auf verschiedensten

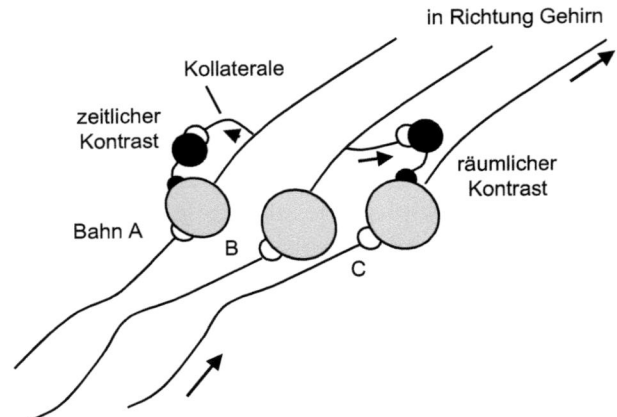

Abb. 2.2 Fortleitung sensorischer Signale in Richtung Gehirn, wobei Kollaterale auf schwarz markierte inhibitorische Neuronen einwirken. Sind diese – wie für die Bahn A gezeichnet – in die eigene Bahn gerichtet, so resultiert hemmende Wirkung, die mit Verzögerung auftritt und zeitlichen Kontrast ergibt. Sind sie – wie für B skizziert – auf eine Nachbarbahn – hier C – gerichtet, so ergibt sich räumlicher Kontrast. Typischerweise stehen benachbarte Bahnen in gegenseitiger Konkurrenz. Das heißt, dass unter anderem auch C auf B rückwirkt

Ebenen des Nervensystems, sogar zwischen einzelnen Regionen oder Feldern des Gehirns.

Nach dem global räumlichen Kontrastprinzip lässt sich beispielsweise erklären, dass eine ernste Bedrohung des Menschen stärkste Schmerzen vergessen lässt. Hypothetisch lässt sich damit auch die Erfahrung deuten, wonach sich Denken auf einen dominanten Inhalt konzentriert, der weitgehend abrupt von einem anderen übernommen werden kann. Deuten lässt sich auch, dass sich Bewusstsein auf einen einzigen Inhalt zu beschränken scheint. Wie in späteren Abschnitten näher diskutiert, wird uns jener dominante Inhalt bewusst, der mit aktuell größter Intensität verarbeitet wird und somit mit vehementester neuronaler Erregung einhergeht.

2.2 Einlauf sensorischer Signale in das Gehirn

Wie in der Literatur der Hirnforschung eingehend beschrieben, verlaufen sensorische Signale typischer Weise vom Rückenmark kommend durch die verschiedenen Bereiche des Hirnstamms über das Zwischenhirn in die vielen spezifischen Verarbeitungsbereiche der Großhirnrinde. Die „höhere" Verarbeitung umfasst logische Umsetzungen, Abspeicherungen, Bewegungsauslösung (im Sinne des Handelns) und schließlich auch die Bewusstmachung – als Problembereiche der nachfolgenden Abschnitte.

2.2.1 Bereiche des Gehirns

Neuronale Vernetzungsmuster, wie im vorangegangenen Abschnitt behandelt, finden sich nicht nur in der Peripherie, sondern auch in den verschiedenen Bereichen des Hirninneren. Hier soll zunächst die globale Verarbeitung sensorischer Signale zusammengefasst werden.

Von der Seite betrachtet, wie in Abb. 2.3, sind die verschiedenen *Bereiche des Gehirns* von der bis zu 5 mm dicken Großhirnrinde – dem sogenannten Kortex – verdeckt; mit

Ausnahme von Teilen des Kleinhirns und des Hirnstamms. Der im Inneren verlaufende, etwaige globale Pfad sensorischer Signale ist punktiert angedeutet. Vom Rückenmark kommende Erregungen geraten zunächst in die verschiedenen Bereiche des Hirnstamms (verlängertes Rückenmark, Brücke und Mittelhirn), der einen dem Rückenmark ähnlichen Aufbau zeigt, mit analoger sammelnd/verteilender Funktion. Danach folgt das Zwischenhirn mit Anteilen des schon als Umschaltstelle erwähnten Thalamus.

Der weitere Signalweg ist vom Inneren kommend räumlich, radial verteilend zu denken. Er mündet letztlich in die verschiedenen Areale bzw. *Felder der Großhirnrinde*. Die Hirnforschung definiert etwa fünfzig verschiedene Felder entsprechend ihrer speziellen Zuordnung oder Funktion. In zunehmendem Maße sind detaillierte Kenntnisse gegeben.[1] Einerseits stammen sie von Ausfällen nach lokalen Verletzungen des Gehirns; andererseits aus zunehmender Auflösung von bildgebenden Analyseverfahren (Abschn. 1.6.4 bis 1.6.6) wie Kernspintomographie (NMR) und Positronenemmisions-Tomographie (PET) sowie der quasi klassischen Elektroenezepahalograpie (EEG) bzw. Magnetoenzephalographie (MEG). Diese guten Kenntnisse der Hirnforschung betreffen die funktionelle *Bedeutung* der einzelnen Felder. Über das eigentliche Funktionieren ist generell nur sehr wenig bekannt.

In Abb. 2.3 sind nur einige wenige Beispiele von Feldern angedeutet. Vom peripheren Körper (dem globalen Soma) kommende, sensorische Signale werden im somatosensorischen Feld verarbeitet. Es befindet sich hinter der

---

[1] Vgl. z. B. die breite Übersicht in *Roth* 2001, S. 139 ff.

2 Sensorische Signale und ihre Bewusstwerdung 59

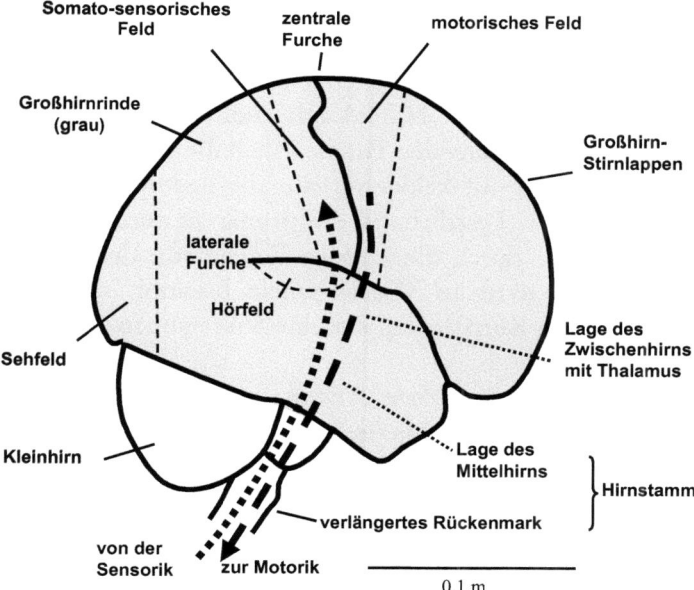

Abb. 2.3 An der Verarbeitung sensorischer Signale beteiligte Bereiche des Gehirns. Der graue Bereich zeigt die Oberfläche der Hirnrinde mit der etwaigen Lage des somato-sensorischen Verarbeitungszentrums. Ferner sind Zentren des Hör- und Sehsinns angegeben. Punktiert angedeutet ist der – im Inneren zu denkende – Pfad von der Peripherie kommender sensorischer Signale. Vom Rückenmark einmündend verlaufen sie dem – zu ihm analog aufgebauten – Hirnstamm entlang, wo auch Signale der Sinnesorgane einmünden. Danach folgt das Zwischenhirn (mit dem Thalamus als dominantem Umschaltort). Letztlich verteilen sich die Signale – quasi aus dem Inneren heraus – an die Hirnrinde, den Kortex. Zusätzlich markiert ist der motorische Bereich und der (*strichlierte*) Pfad der Rückleitung an die Motorik. Die Marke verweist auf die anfallenden Strecken der Signalläufe. Als grobe Orientierungsregel können zehn Zentimeter in zehn Millisekunden durchlaufen werden. Dabei kommt es freilich darauf an, welche Neuronentypen beteiligt sind und wie viele Synapsen im Übertragungsweg passiert werden

zentralen Furche, die den Kortex in sogenannte Lappen teilt. Von den verschiedenen Sinnesorganen kommende Signale folgen sehr spezifischen Pfaden. So landen visuelle Informationen am Hinterkopf, auditorische hingegen seitlich, nahe der lateralen Furche. Auch die höhere Signalverarbeitung ist auf Felder verteilt, die deutlich getrennt liegen können. Letztlich ist die primär motorische Verarbeitung nur durch die zentrale Furche von der primär sensorischen getrennt. Wie allgemein bekannt, sind den verschiedenen Körperteilen einzelne Subregionen zugeordnet.

Die komplexe, *„höhere" Verarbeitung* erfolgt in – im Bild nicht gekennzeichneten -ausgedehnten assoziativen Feldern. An der Generierung motorischer Signale wesentlich beteiligt sind die sogenannten Basalganglien des Großhirn-Kernbereiches sowie koordinierende Funktionen des Kleinhirns. Schließlich verlassen die generierten motorischen Erregungen das Gehirn im Wesentlichen auf dem umgekehrten Pfad der sensorischen.

2.2.2 Funktionelle Verarbeitung

Die funktionelle Verarbeitung sensorischer Signale ist in Abb. 2.4 zusammengefasst. Somato-sensorische Signale werden im Thalamus – u. a. des Zwischenhirns – oder auch schon im Hirnstamm umgeschaltet. Über sogenannte Hirnnerven münden dort auch die von Sinnesorganen kommenden Informationen ein. Die durch Umschaltungen im Hirnstamm bzw. Zwischenhirn reduzierte Datenmenge gelangt an das Großhirn, wo unterschiedlichste Aspekte höherer Verarbeitung anfallen. Aus biophysikalischer Sicht

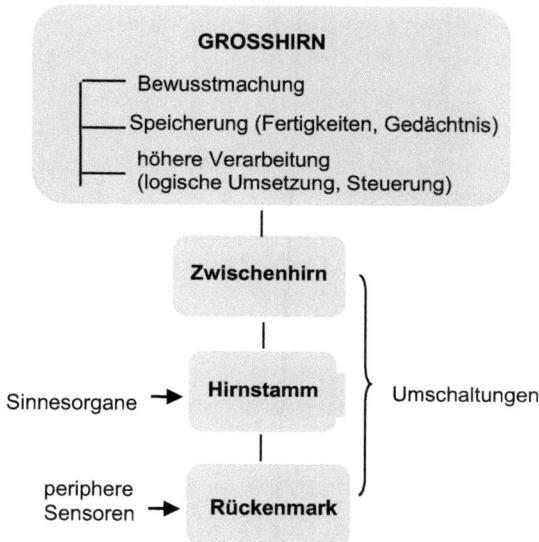

Abb. 2.4 Verarbeitung sensorischer Signale aus funktioneller Sicht und Auflistung von biophysikalisch besonders relevanten Aspekten

interessieren dabei vor allem die folgenden drei Mechanismen:

(1.) Die *logische Umsetzung* sensorischer Signale für Aufgaben von Kontrolle und Steuerung.
Das gemischt digital/analoge Wesen verlangt dabei nach Strategien der Informationsverarbeitung, die sich von denen der Technik völlig unterscheiden.

(2.) Die *Speicherung* neuronaler Information.

Sie wird benötigt zum Erhalt von erworbenen oder erlernten Fertigkeiten, als auch von Informationen im Sinne des Arbeits- und Langzeitgedächtnisses. Auch hier hat die Evolution Mechanismen geschaffen, die sich von technisch genutzten grundlegend unterscheiden – sehen wir ab von der Nachbildung durch Neuronale Netze im Sinne der Bionik.

(3.) Die *Bewusstmachung* von Erregungsinhalten.

Sie ist dem lebenden – biologischen – System vorbehalten, wenngleich manche Wissenschaftler auch entsprechend stark vernetzten Datensystemen Bewusstsein zuschreiben, als Faktor, der sich – wie sie meinen – aus hoher Komplexität ergibt.

Diese drei grundlegenden Mechanismen sollen in den weiteren Abschnitten diskutiert werden.

Abschließend soll noch daran erinnert werden, dass sich die von Abb. 2.3 vermittelte Darstellung der Informationsverarbeitung auf das für die hier interessierende Problematik Wesentlichste beschränkt. Das Bild suggeriert einen eindimensionalen Signalfluss bei quasi zweidimensionaler Verbreiterung im Bereich der Hirnrinde. Tatsächlich kann diese als haubenartige Hülle des komplex dreidimensional strukturierten Gesamtsystems betrachtet werden. Bei allen weiteren Diskussionen müssen wir vor Augen haben, dass auch einfachste Signalflüsse vom Gesamtsystem beeinflusst werden. Es beinhaltet vielfältige *Kontroll- und Steuerungsorgane*, die in Abb. 2.3 nicht angedeutet sind. So wird eine Bewegung – als willentliche Handlung – keineswegs allein vom motorischen Feld kontrolliert. Tatsächlich sind zahlreiche *andere Hirnregionen* beteiligt, wie das Kleinhirn mit seinen steuernden Funktionen. Komplexe – und zum Teil noch strittige – Rollen spielt das limbische System, an dem mehrere Regionen Anteil haben. Als Beispiel enthält es den sogenannten Hypothalamus mit Kontrollfunktionen, die das angeborene bzw. erworbene individuelle Verhalten berücksichtigen. Das Zustandekommen der Bewegung kann von emotionalen Tendenzen abhängen. Die Dynamik einer tatsächlich zustande gekommenen Bewegung wiederum kann von basalen Ganglien gesteuert sein. Die Erforschung der Aufgaben und Eigenschaften all dieser Hirnbereiche – einschließlich der zahlreichen Nuclei (lat. Kerne) – sind Gegenstand der sogenannten Hirnforschung. Aus den weiteren Überlegungen werden sie ausgeklammert – mit dem Ziel einer transparent und abstrahiert geführten Modellierung.

2.3 Engramme als Bausteine der Funktion und Logik

Die vielen Milliarden Neuronen des Kortex sind in sechs Schichten organisiert. Einströmende Signale werden im Wesentlichen radial nach oben, aber auch durch horizontale Querverbindungen verarbeitet. Resultierende Signale können nach unten, in Richtung der Peripherie, ausfließen. Im somit gegebenen, quasi unendlich großen Neuronalen Netz (NN) bilden sich logische Bausteine aus, die im vorliegenden Text als – verallgemeinerte – Engramme definiert werden. Die teilhabenden synaptischen Verbindungen werden als lernfähig (trainierbar) angesetzt, was die kontinuierliche Modifikation und Konsolidierung der Bausteine ermöglicht.

2.3.1 Das Gehirn als neuronales Netz

Ein neuronales Netz von vielen Milliarden miteinander verbundenen Zellen – wie lässt sich derartiges modellieren? Würde ein Chaos regelloser Verschaltung vorliegen, dann wohl gar nicht. Tatsächlich ist einige Ordnung gegeben, was der Modellierung entgegen kommt. Wie schon erwähnt, lassen sich für den *Aufbau der Hirnrinde* – dem bis zu ca. 5 mm dicken Kortex – sechs Schichten I bis VI definieren (Abb. 2.5). Als Input laufen beispielsweise vom Thalamus – als Umschaltregion – kommende Signale von unten ein. Als Output gehen Erregungen von sogenannten Pyramidenzellen nach unten aus. In einiger Entfernung können sie unter Umständen wieder eintreten. Innerhalb einer Schicht konzentrieren sich die Zellkörper (Somata) in genereller Weise. Funktionell wichtiger ist, dass sich hier horizontale Querverbindungen häufen. Dazu tragen Fortsätze von Pyramidenzellen bei. Vor allem aber wird die intrakortikale Vernetzung von kleinen, spinnenhaften Interneuronen besorgt. Es resultiert ein dreidimensionales neurales Netz (NN), das säulenartige Vertikalstruktur aufweist, während in der Horizontale eine geringe Ordnung besteht.

Das kortikale NN beinhaltet *logische Bausteine* für zahlreiche Aufgaben der Assoziation, Regelung und Steuerung. Nach welchen Mustern sie verlaufen, lässt sich experimentell kaum analysieren. Doch ergeben sie sich zwangsläufig aus der spezifischen Konzeption der Nervenzelle als kleinstes Element der Verschaltung. Schaltprinzipien des *peripheren*

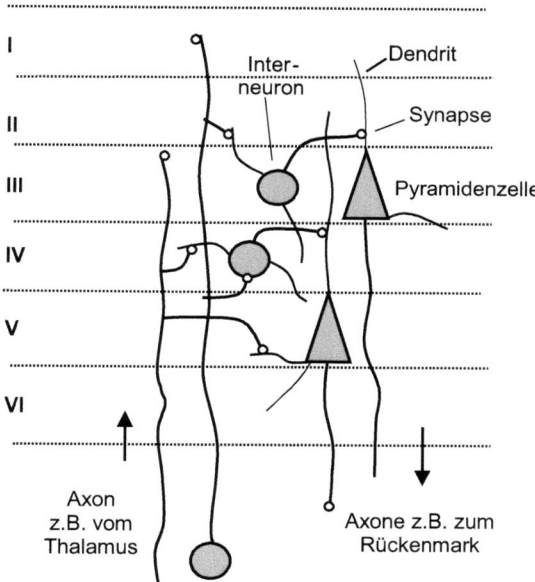

Abb. 2.5 Aufbau des Kortex aus sechs Schichten mit vertikal ein- bzw. auslaufenden Neuronen, die zu anderen Regionen verbinden. Intrakortikal verknüpfen kleine Interneurone (sogenannte Sternzellen) innerhalb der Schichten, aber auch zwischen ihnen. *Anmerkung:* Zur besseren Unterscheidung sind Dendriten dünn gezeichnet und Axone durch runde Endknöpfe verdeutlicht

Nervensystems sind einfach nachzuvollziehen, da vor allem die Sammlung und Verteilung von Signalen anfällt, wobei die Bündel von Nervenfasern quasi singulär in nichterregbare Umgebung eingebettet sind. Im NN des Gehirns hingegen muss davon ausgegangen werden, dass ein funktioneller neuronaler Baustein in die ihrerseits erregbare Umgebung eingebunden ist. In der Technik würde das in Analogie bedeuten, dass Leitungskupfer und elektronische Bauelemente nicht isoliert vorliegen, sondern in einer begrenzt leitfähigen Umgebung.

2.3.2 Konzept des Engramms

Im quasi unendlichen NN des Gehirns wird ein funktioneller Baustein durch eine Einschreibung eines bevorzugt erregbaren Pfades repräsentiert, durch ein *Engramm*. Die Literatur verwendet diesen Begriff allgemein nur für die Einschreibung von Gedächtnisinhalten, wie im nachfolgenden Abschnitt beschrieben. Doch spricht alles dafür, dass funktionelle Bausteine nach einem einheitlichen Grundprinzip aufgebaut sind. Nämlich so, dass in einem zunächst chaotisch – oder weitgehend homogen – verschalteten NN-Bereich Ordnung auftritt, indem synaptische Verbindungen spezifisch verstärkt oder geschwächt werden.

Als extrem vereinfachtes, *schematisches Beispiel* zeigt Abb. 2.6 einen NN-Bereich von 36 Neuronen. Zunächst seien sie weitgehend homogen verschaltet, über Synapsen annähernd konstanten Querschnitts. (Physiologisch gesehen wären allerdings statistisch gestreute Querschnitte die wahrscheinlichere Anfangsbedingung; freilich im Sinne viel schwierigerer Modellierung.) Nehmen wir nun an, dass der Synapsenquerschnitt teilweise gerade groß genug ist, um Zellen monosynaptisch erregen zu können. Daraus können Pfade resultieren, die von Erregungen durchlaufen werden, zunächst aber mit kleinster Frequenz der Impulsfolge. Setzen wir voraus, dass *trainierbare Neuronen* vorliegen, die durch wiederholte Erregung leistungsfähiger werden – nach Mechanismen, die im nachfolgenden Abschnitt beschrieben

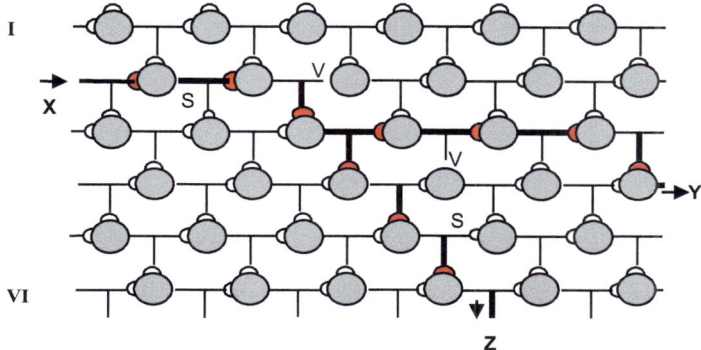

Abb. 2.6 Sehr schematische Veranschaulichung des Engramm-Konzeptes. Skizziert sind 36 Neuronen der Kortex-Schichten I bis VI (gemäß Abb. 2.5), die über Axone mit vertikalen Kollateralen miteinander synaptisch verknüpft sind (ohne Andeutung von Dendriten). Gegenüber der biologischen Realität liegen hier einfachste Verhältnisse vor: Verknüpfungen laufen horizontal und vertikal jeweils nur in eine Richtung, nur engste Nachbarn sind über eine einzige erregende Synapse verknüpft, etc. Markiert ist ein Engramm, das im Bereich X einlangende Erregungen an die Regionen Y und Z lenkt. Die Wege sind „eingeschrieben" durch zehn Synapsenverstärkungen (*rot* markiert), zwei Synapsenschrumpfungen (*S*) und zwei Kontaktverluste (*V*)

sind. Mit ihnen kann sich eine allmähliche Konsolidierung der Pfade ergeben.

In Abb. 2.6 ist über verstärkte Synapsen ein entsprechendes Engramm markiert, das einen definierten Pfad vorgibt. In der Region X eingespeiste Erregungen werden damit stufenweise in tiefere Schichten geführt und landen schließlich an den Regionen Y und Z. Konsolidiert ist der Pfad durch geschrumpfte Synapsen oder auch durch verloren gegangene Kontakte (Synapsen-Degeneration). Damit ist ein

„Ausbrechen" der Erregungen aus dem Pfad erschwert, das zur ungewollten Erregung von Nachbarengrammen führen könnte.

2.3.3 Verallgemeinerung des Engrammbegriffs

Wie schon angedeutet geht die hier vorliegende Modellierung von einem universellen Engrammbegriff aus. Wir setzen *Gedächtnis im weiteren Sinn* an. So werden motorische Speicher angenommen, in denen Erregungsmuster für Fertigkeiten – wie z. B. dem Gehen – in Engrammen abgelegt sind. Beim Vorgang des Gehens liefern sie die zeitlich/räumlich koordinierten Muster, die für ausgeglichene Bewegung notwendig sind. In den meisten Fällen wird uns diese Form einer „Erinnerung" freilich nicht bewusst.

Als weiteres Beispiel für Gedächtnis im weiteren Sinn sei das sogenannte Schmerzgedächtnis angeführt. Von Schmerzsensoren gelieferte Signale schreiben sich in die von den Erregungen durchlaufenen Pfade ein. Die entsprechende Empfindung kann schließlich erinnert werden, wahrscheinlich durch schwache unspezifische Wiedererregung des Engramms. Schmerz scheint nur dann relevant zu sein, wenn er vom Bewusstsein erfasst wird. Die Signale können aber auch steuernde Wirkung haben, welche ohne den Prozess der Wahrnehmung aufkommt.

Über konkrete *Engramm-Schaltungen* ist wenig bekannt. Experimentelle Analysen wie etwa NMR oder PET können nur indirekte Rückschlüsse bieten, die darauf aufbauen, welche Verarbeitungsmuster sich aus dem Neuronenkonzept a priori anbieten. Milliarden verfügbarer Neurone bedeuten, dass die Evolution zum sparsamen Umgang mit ihnen nicht gezwungen war. Selbst mit starker Parallelität können hunderttausend Engramme den verfügbaren Speicherraum nicht beengen. Andererseits bedeutet jede durchlaufene Synapse einen Zeitverlust von zumindest einer Millisekunde. Das mag ein Grund für kompakte Engramme sein. Darüber hinaus veranschaulicht die Simulation am Computer, dass selbst kleinste Mini-Engramme differenziertes Übertragungsverhalten erbringen können.

2.4 Arbeits- und Langzeitgedächtnis

Im engeren Sinn – und entsprechend der Literatur – dienen Engramme der Informationsabspeicherung im Zuge von Gedächtnisprozessen. Das Merken entspricht der Einschreibung einer den Gedächtnisinhalt codierenden, bevorzugt durchlaufenen Erregungsbahn. Erfolgreiches Erinnern entspricht der Wiedererregung der Bahn. Das Langzeitgedächtnis konsolidiert sich durch morphologische, träg aufgebaute Synapsenveränderungen. Das ihm lokal versetzt vorausgehende Arbeitsgedächtnis wird mit Modellen verlängerter Synapsenaktivität gedeutet.

2.4.1 Allgemeines

Gedächtnis im engeren Sinne ist bei der Abspeicherung von Informationen gegeben. Dabei zeigen sich *zwei Arten von Gedächtnis*,[2] die sich in der zeitlichen Entwicklung unter-

---
[2] Die Gedächtnisforschung differenziert in stärkerer Weise.

scheiden, aber auch bezüglich Methodik und Ort der Abspeicherung:

(AG) Arbeitsgedächtnis   Es bewahrt Informationen für Sekunden im Sinne der Kurzzeitabspeicherung.
(LZG) Langzeitgedächtnis Mit Abstufungen kann sich eine bis zu lebenslange Abspeicherung ergeben.

Analogien bestehen zur Speicherung in Computern: Das AG entspricht dem Arbeitsspeicher, dessen Inhalt laufend zugunsten anderer Inhalte frei gemacht wird. Das LZG gleicht der Festplatte oder CD, die an anderen Orten mit völlig anderen Funktionsweisen wirken.

Auch hier wird die Ablegung durch Engramme übernommen, d. h. durch in das neuronale Netz des Kortex eingeschriebene Pfade bevorzugter Erregbarkeit (Abb. 2.6). Soll als *Merken* ein visuell aufgenommenes arabisches Schriftzeichen gespeichert werden, so durchlaufen die einströmenden Erregungen einen Pfad, wie er sehr schematisch in Abb. 2.7 skizziert ist. Wiederholter Durchlauf der Aktionsimpulse über die in Serie liegenden Synapsen – im Gehirn wird auch hier starke Parallelität im Spiel sein – führt zur Steigerung ihrer Leistungsfähigkeit. Somit schreibt sich der Pfad ein, als ein für das Schriftzeichen codierendes Engramm. Sein Durchlauf ergibt ein spezifisches Erregungsmuster.

Gezieltes *Erinnern* kann man sich dabei etwa so vorstellen, dass Aktionsimpulse abtastend in die potenzielle Region des Engramms gelenkt werden. Bei Reaktivierung tritt das

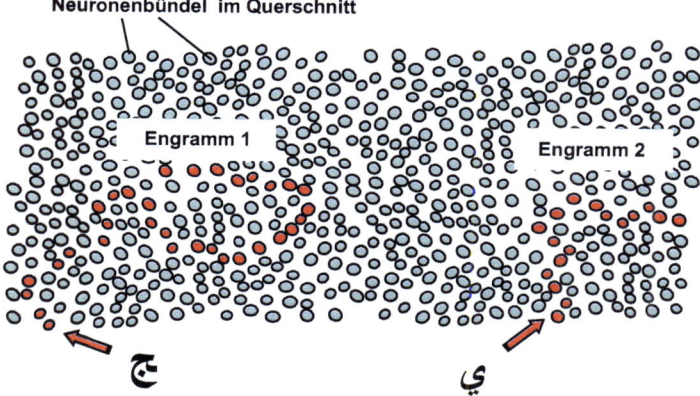

Abb. 2.7 Schematische Darstellung von Engrammen, die z. B. für zwei arabische Schriftzeichen codieren könnten. Erregungspfade sind durch serielle, hintereinander liegende, rot markierte Zellen angedeutet. Tatsächlich ist von starker Parallelität auszugehen und davon, dass die Erregung ganze Bündel von Neuronen erfasst. Der Vorgang des Erinnerns ergibt sich, wenn Aktionsimpulse in abtastender, suchender Weise wieder an die Eintrittsstelle eines Engramms herangelenkt werden, womit es erneut zur Erregung kommt

Erregungsmuster neuerlich in Erscheinung, womit das zunächst visuell aufgenommene Bild des Schriftzeichens neuerlich wirksam wird. Anzunehmen ist, dass die wieder auftretenden Erregungen vom Gehirn beliebig genutzt werden können, etwa für Aufgaben der Assoziation oder auch für ein Reagieren auf die Bedeutung des Schriftzeichens. Bei vehementer Verarbeitung kann auch seine neuerliche Bewusstwerdung auftreten.

Zum Phänomen der *Vergesslichkeit* können drei Mechanismen beitragen:

(i) reduziertes Vermögen der Einschreibung,
(ii) gestörte Abspeicherung und
(iii) reduziertes Vermögen der Reaktivierung der Information.

Den Vorgang der Einschreibung können wir uns in *Analogie* zum Ausfahren der Bahn eines Schlittens veranschaulichen:[3] Einen gleichermaßen verschneiten Berghang können wir mit dem Schlitten zunächst nach beliebig gezogenen Bögen hinunterfahren. Lenken wir den Schlitten aber zehnmal durch die gleiche Bahn, so schreibt sie sich zunehmend ein, im Sinne eines Engramms. Gerät nun ein fremder Schlitten quasi durch Zufall – oder auch suchend, wie beim Versuch des Erinnerns – in das ausgefahrene Gebiet, so wird er in die Bahn geraten und durchfährt sie ohne Bedarf der gezielten Lenkung.

2.4.2 Langzeitgedächtnis

Im Falle der Langzeitabspeicherung ist die Struktur des Engramms leicht vorstellbar: So wie in Abb. 2.6 skizziert, ergibt sie sich aus Synapsen großen Querschnitts, die dank starker Transmitterausschüttung besonders leistungsfähig sind. Das heißt, sie erbringen starke Diffusionsströme und somit auch Ausgleichsströme, welche die Zellen feuern lassen. Die Ausbildung wird damit erklärt, dass massiv wiederholte Aktivierung der Synapsen letzlich zur Ankurbelung ihres Stoffwechsels führt und damit zu erhöhter Wirksamkeit.

---

[3] Nach *Pfützner* 2012, S. 204 ff.

2 Sensorische Signale und ihre Bewusstwerdung 73

Etwas näher betrachtet erklärt sich die *permanente Synapsenverstärkung* etwa wie folgend:[4] Soweit bekannt betrifft die Verstärkbarkeit nur spezielle, trainierbare Neuronentypen; insbesondere Pyramidenzellen und Interneurone (nach Abb. 2.5), deren Dendriten sogenannte Dornen (engl. Spines) aufweisen. Die Endknöpfe innervierender Axone geraten dabei mit postsynaptischen Membranabschnitten in Kontakt, die offensichtlich sehr spezifische Eigenschaften haben. Bei Aktivierung durch die entsprechenden Transmitterstoffe kommt es zunächst zum Einstrom von Na-Ionen und somit zur Ausbildung eines Diffusionsstroms, wie im Normalfall (entsprechend Abschn. 1.4.2). Darüber hinaus aber eröffnen sich spezifische Poren für Kalziumionen Ca^{++}, wie wir es für die Vesikelaktivierung auf der *prä*synaptischen Seite kennengelernt haben. Das vermehrte intrazelluläre Kalzium löst – wie dort – einen enzymatischen Prozess aus. Der aktiviert nun aber nicht Vesikel, sondern jene chemischen Prozesse, die zur Vergrößerung des postsynaptischen Membranabschnitts notwendig sind.

Das Obige bedeutet, dass ein *genetischer Prozess* gefordert ist: Entsprechende Abschnitte der DNA des Zellkerns werden bei Vermittlung durch Messenger-RNA vermehrt zur Expression gebracht, um die Produktion benötigter Proteine anzukurbeln. Die Produkte entstehen damit aber nicht am synaptischen Ort ihres Bedarfes. Durch aktiven, mit ATP-Aufwand verbundenen Transport müssen sie an die Synapsen herangefördert werden. Die Transportgeschwindigkeiten liegen in der Größenordnung von Millimetern pro Stunde. Der entsprechende *Zeitbedarf* bedeutet, dass

---

[4] Für eine ausführliche Zusammenfassung s. *Kandel* 2000, S. 1245 ff.

das morphologische Wachstum ein träger Prozess ist. Doch kann er ein Langzeitgedächtnis erklären, das sich allmählich nach permanent wiederholtem Training einstellt. Zu festigen beginnt sich das Engramm also erst nach Stunden. Für das Beispiel des arabischen Schriftzeichens bedeutet das, dass es erst nach langzeitlich wiederholter Beschäftigung in das Gedächtnis eingegraben ist. Dann aber kann die entsprechende Information u. U. für immer, d. h. lebenslang, spontan abrufbar sein.

2.4.3 Arbeitsgedächtnis

Evident ist, dass Modelle des Synapsenwachstums zur Erklärung von Arbeitsgedächtnis versagen. Soll kurzfristig ein Name gemerkt werden, um ihn zu notieren, so sind morphologische Veränderungen zu träge. Auch wären sie von Nachteil für das anschließende Merken des nächsten Namens einer langen Liste. Hier ging die Evolution offensichtlich andere Wege.

Forschungen weisen darauf hin, dass höhere Formen der sogenannten *Bahnung* im Spiel sind. Werden neuronale Präparate mit Salven von Aktionsimpulsen befeuert, so zeigt sich, dass die Ausbeute aufeinanderfolgender Salven bezüglich der ausgelösten Diffusions- bzw. Ausgleichsströme nicht konstant ist. Die Ausbeute steigt an, was sich damit erklärt, dass eine erste Salve zur Aktivierung von Vesikeln führt, die von der nachfolgenden mitgenutzt werden – ein Mechanismus, der allerdings in Sättigung geht und sich letztlich sogar wegen Ermangelung an Vesikeln umkehrt. Mit höheren Formen der Bahnung ist gemeint, dass lernfähige Neuronen Synapsen zeigen, deren Befeuerung zu einer

Potenzierung[5] der Ausbeute führt, insbesondere, indem die Dauer des Kalzium-Einstroms in die präsynaptische Zelle (Abb. 1.4) verlängert wird. Eine Übersicht zu Varianten entsprechender Deutung findet sich z. B. in *Kandel* (1996) und in *Baer* (2009).

Die erwähnten grundlegenden Unterschiede zwischen Arbeits- und Langzeitgedächtnis lassen a priori erwarten, dass die *regionale Ablegung* an verschiedenen Orten des Kortex stattfindet. Und dies ist tatsächlich so: Allzu reiche Erfahrung von Gedächtnisausfällen nach Unfällen oder krankheitsbedingten Störungen einzelner Hirnregionen zeigen, dass die beiden Gedächtnisarten in weitgehend unabhängiger Weise betroffen sein können. Das belegt, dass Informationsinhalte des Arbeitsgedächtnisses in einem zeitaufwendigen Prozess an den Ort des Langzeitgedächtnisses übertragen werden – analog zur schon erwähnten Umspeicherung vom Arbeitsspeicher zur Festplatte des PC. Die Anfälligkeit des Prozesses wird dadurch gesteigert, dass dritte Teile des Gehirns notwendig sind, um die Umspeicherung in Gang zu setzen und zu koordinieren. Die beteiligten Regionen sind Gegenstand laufender Forschungstätigkeit.

2.5 Erinnern und Vergessen

Training von Engrammen dient der Konsolidierung von wertvollen Gedächtnisinhalten, führt aber auch zur Verfestigung negativer Inhalte als Basis von Schmerz und Problementstehung. Entsprechende Hemmung ist denkbar

---
[5] Vgl. *Katz* 1971, S. 140 f.

durch periphere oder zentrale Kontrastierung von Input- bzw. Outputpfaden sowie des Engramms als Gesamtheit im Sinne von Ablenkung und Verdrängung.

2.5.1 Aspekte der Konsolidierung

Die permanente Einschreibung einer Information in das Langzeitgedächtnis bedeutet, dass sie im Gehirn des Menschen verwahrt bleibt – unter Umständen bis hin zum Lebensende. Doch speziell im höheren Alter zeigt sich, dass ein permanentes Engramm keine hinreichende Bedingung für entsprechendes Erinnern darstellt. Begegnen wir einem Menschen, der uns bekannt ist – und zwar auch dem Namen nach – so heißt das nicht, dass wir uns des Namens erinnern. Vom Aussehen und vom Klang der Stimme ins Gehirn strömende sensorische Signale bewirken Assoziationen, die in Richtung des Namens-Engramms lenken. Doch die Lenkung kann zu unsicher sein, um das Engramm zu erreichen und zu erregen. Prozesse des Denkens können die aufgenommene Information mit im Gehirn vorhandenen verwandten Informationen verarbeiten. Und dies kann darin münden, dass durch indirekte Assoziationen letztlich das Erinnern des gesuchten Namens gelingt.

Effektive *Erinnerungsfähigkeit* setzt also voraus, dass – über die permanente Einschreibung im Gedächtnisengramm hinaus – Pfade im Sinne von ergänzenden Engrammen eingeschrieben sind, die den Weg der abtastenden Erregungen ebnen. Effektives Lernen hat darauf ausgerichtet zu sein, neben der Eintragung einer Information auch deren leichte Auffindung zu gewährleisten. Um sich einen Begriff zu merken, muss er zunächst vom Arbeitsgedächtnis in das Langzeitgedächtnis überschrieben werden. Dazu sind Synapsenverstärkungen notwendig, die nicht spontan geschehen können. Zusätzlich sollten wir das Auffinden des Begriffsengramms trainieren, um ein „Zugangsengramm" zu schaffen, das uns bei Bedarf ohne mühsames Nachdenken an den Begriff heran führt, um ihm analoge neuronale Signalmuster freizumachen. Auch dieses „Training" ist zeitintensiv, soll es zu einem permanenten Ergebnis führen.

Von besonderer Bedeutung sind die eben skizzierten Mechanismen für das *Lernen in der Schule*. Dafür wurden Lerntheorien entwickelt, die sich auf Erfahrungen begründen, welche sich mit biophysikalischen Modellen voll interpretieren lassen. So besteht weitgehender wissenschaftlicher Konsens darüber, dass die an Schulen übliche Unterrichtsdauer von annähernd einer Stunde kein optimales Lernen ergeben kann. Innerhalb einer langen Stunde werden den für den Lernstoff zuständigen Bereichen des Gehirns allzu viele Lerninhalte zugemutet. So kann nicht erwartet werden, dass die oben angedeuteten Konsolidierungsprozesse zustande kommen. Vorteilhaft wäre, die einem bestimmten Fach A zukommende Unterrichtseinheit auf 20 Minuten zu verkürzen und danach eine ebenso kurze Einheit B folgen zu lassen. B sollte zu A in Kontrast stehen – z. B. Gesang nach Latein. In Analogie zum in Abb. 2.3 skizzierten räumlichen Kontrast sollte B andere Bereiche des Gehirns beschäftigen, um zu A ablaufende Konsolidierungsprozesse nicht zu stören. Im Sinne des „Trainings" wäre optimal, in späteren Einheiten C und D an Inhalte von A und B zu erinnern.

Auch außerhalb des Schulbetriebs ist Kontrastierung angesagt. Traditionell gilt es als Tugend, eine schwierige geistige Tätigkeit mit Ausdauer und Beharrlichkeit zu erledigen. Effizienter wäre es, sie in kurz gehaltener Abwechslung mit möglichst unterschiedlicher Tätigkeit – etwa sportlicher oder handwerklicher Natur – vorzunehmen. Während der manuellen Tätigkeit konsolidieren sich geistige Problemlösungen. Während der Rückkehr zum geistigen Problem erholt sich die für Handwerk oder Sport benötigte Muskulatur.

2.5.2 Gezieltes Vergessen

Für die obigen Überlegungen wurde davon ausgegangen, dass gutes Erinnern erwünscht ist. Daneben gibt es Gedächtnisinhalte, für die wir uns möglichst vollständiges, gezieltes Vergessen wünschen. All das, was gute Erinnerungsfähigkeit fördert, ist hier zu vermeiden. Aus biophysikalischer Sicht spricht dies gegen alles, was der Psychoanalyse nahe steht. Jede Auseinandersetzung mit quälenden Problemen konsolidiert entsprechende Engramme und fördert ihre Reaktivierung. Durch fehlenden Aufruf sollten Engramme still gelegt werden, die relevanten synaptischen Verknüpfungen ausgehungert werden – im eigentlichen Sinn des Wortes, indem die Nichtaktivierung mit auch fehlender Proteinproduktion der entsprechenden Neurone verknüpft ist. Noch effizienter erscheint die Zerstörung von Engrammen. Gefragt ist Kontrastierung, das heißt das Ablegen konkurrierender Engramme in denselben Regionen der Hirnrinde. Gelingt es, Belastendes zu überschreiben, dann ist das Ziel des Vergessens erreicht.

In die Hirnrinde – etwa über den Thalamus – einfließende Erregungen von Schmerzsensoren können zur

Ausbildung von Engrammen führen, die letztlich das schon erwähnte *Schmerzgedächtnis* manifestieren. In der Folge führen Aktivierungen des Engramms durch andere Inputpfade zur Wiedererregung. Auch ohne weitere Erregung von Schmerzsensoren kann das Engramm über seine Outputpfade *Empfindungen* von Schmerzen liefern, die nicht gerechtfertigt sind. Statt über den Weg [S-A-SV-HV-B] (vgl. Abb. 3.7) kommen sie über [HV-GS-HV-B] zustande. Sie erfüllen nicht die eigentliche Aufgabe des Schmerzes, die darin besteht, physiologische Defekte an das Gehirn zu signalisieren. Als Schlussfolgerung sollten Schmerzen zwar beachtet werden. Hingegen ist es falsch, sich auf Schmerzsignale zu konzentrieren. Hypochonder konsolidieren durch stetiges Abfragen ihr Schmerzgedächtnis. In der Folge leiden sie unter realen Schmerzempfindungen. Diese sind nicht „eingebildet", wie vielfach vermutet, sondern dem Langzeitgedächtnis als Engramme einge*schrieben*.

2.6 Engrammschleifen als Basis des Denkens

Denkprozesse repräsentieren langzeitliche Erregungsvorgänge, die sich mit geradliniger neuronaler Abarbeitung nicht erklären lassen. Ihre Modellierung gelingt mit dem Ansatz von Erregungsschleifen, die iterativ – bei jedem Durchlauf – von Inhalten anderer Engramme und auch von aktuellen sensorischen Inputs modifiziert werden.

2.6.1 Denken als iterativer Prozess

Die zwischen verschiedenen Regionen des Gehirns aufkommenden direkten Entfernungen beschränken sich auf die Größenordnung von zehn Zentimetern. Trotz gewundener Wege werden sie dank rascher Axone in Millisekunden durchlaufen. Nur eine Millisekunde fällt auch für jede im Übertragungsweg liegende Synapse an. Geradlinige Verbindungen werden also in kürzester Zeit durchlaufen. Und auch verschlungene Engrammwege, wie sie in Abb. 2.7 angedeutet sind, lassen nur kurze Laufzeiten erwarten, die eine Zehntel Sekunde kaum überschreiten.

Die obigen Prämissen werfen die Frage nach der *Deutung von sekundenlang dauernden Erregungsvorgängen* auf, wie sie bei Denkprozessen vorliegen. Als Erklärungsprinzip bieten sich zunächst chemische Prozesse an, die beliebig träge verlaufen könnten. Überzeugender ist die Annahme von Engrammschleifen, die wiederholt durchlaufen werden. Das Engramm 1 in Abb. 2.7 zeigt ein konkretes Beispiel, das freilich als sehr schematisch aufzufassen ist.

Die Frage erhebt sich, warum die evolutionäre Entwicklung des Gehirns zu vielfach durchlaufenen Schleifen greifen sollte – welche Art des Vorteils daraus erwachsen kann. Nun, ein ständig wiederholter Durchlauf kann den Vorteil der Aufrechterhaltung einer Information erbringen. So ergeben sich Möglichkeiten zur Deutung des Arbeitsgedächtnisses, wie schon im vorangegangenen Abschnitt angeführt.

Über den zeitlichen Erhalt einer Information hinaus gehende Funktionen eröffnen sich erst dann, wenn wir annehmen, dass wiederholte Durchläufe eine *Veränderung* der In-

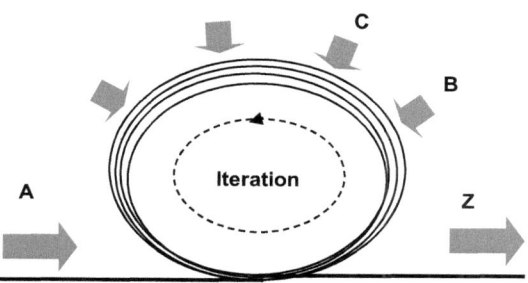

Abb. 2.8 Engrammschleife, die bei iterativem Durchlauf Informationen A – als Inhalt des „Denkens" – unter Berücksichtigung von B, C etc. in das Resultat Z des Denkprozesses überführt. Tatsächlich ist ein komplexes räumlich/zeitliches Zusammenspiel vieler Engramme zu erwarten

formation bewirken (Abb. 2.8). So kann ein Informationsinhalt A durch in das Engramm einwirkende Synapsen von Inhalten B beeinflusst werden, die sensorischen Ursprungs sind, oder von Inhalten C, die von Engrammen des Langzeitgedächtnisses geliefert werden. Die Information A kann somit iterativ (s. Glossar) modifiziert und optimiert werden. Und es bietet sich an, einen derartigen Iterativen Verarbeitungsprozess als *Phänomen des Denkens* zu interpretieren. Denkvorgänge können sich über viele Sekunden hinweg ziehen. Sie lassen sich so deuten, dass Informationen durch das Einwirken von in Engrammen abgespeicherten Erfahrungen, Kenntnissen und Fertigkeiten kontinuierlich bzw. schrittweise gewandelt werden. Im Sinne von Randbedingungen können dabei auch durch Sensoren aufgenommene Ereignisse mitwirken, die dem Resultat des Denkens Aktualität verleihen.

2.6.2 Kurzzeit- und Langzeitprozesse

Als einfaches Beispiel eines *kurzzeitigen* Denkprozesses betrachten wir den Schriftzug „2 × 2". Die visuellen Signale laufen als Information A in das Gehirn ein. Augenblicklich werden als B im Langzeitgedächtnis vorgefertigte Engramme aktiviert, welche die in nächster Nähe liegende assoziative Umsetzung enthalten. Und als Output Z kommt die Antwort „4" auf. Reflexartig kann sie verbal durch Aktivierung vorgefertigter motorischer Sprachmuster artikuliert werden – ebenso gut aber auch durch Bewegungsmuster. So kann die Hand den entsprechenden Schriftzug „= 4" ausfertigen. Oder das Resultat „4" wird spontan durch Strecken von vier Fingern angezeigt.

Das simple Beispiel rangiert zwischen *Reflex bzw. Denkprozess* und vollzieht sich in Bruchteilen einer Sekunde. Trotz der Einfachheit können zahllose Neuronen und Synapsen beteiligt sein, indem das Gehirn ja von Parallelität gekennzeichnet ist – an der Stelle von Einzelverbindungen steht der Einsatz von Neuronenbündeln. Ungleich höherer Einsatz ergibt sich für echte Denkprozesse. Sie können sich über Sekunden, ja ganze Tage hinweg ziehen – bei wohl nur scheinbaren Unterbrechungen; Denken geschieht sogar im Schlaf, wenngleich mit gedrosselter Dynamik (vgl. Abschn. 3.7.2).

Als konkretes Beispiel für einen *langzeitlichen* Denkvorgang setzen wir eine geplante Eheschließung an, die von Problemen behaftet ist – das Gefühl sagt „ja", der Verstand hingegen „nein". Und es ist ein tagelanger Denkprozess, ein geistiges Ringen, ob es letztlich zum Jawort kommen soll. Formal gesehen ist die gestellte Aufgabe vergleichbar mit der

Umsetzung von „2 × 2"; am Output Z des Denkprozesses steht ein simples „Ja" oder „Nein". Doch der Verarbeitungsweg ist ein langer. Als Informationen B, C, etc. laufen im Langzeitgedächtnis bewahrte Inhalte der Prägung ein, der Erziehung und früheren Erfahrung. Als aktuelle, sensitiv aufgenommene Information wirkt das akustisch eingehende „Nein" der besorgten Eltern ein. Und zum „Ja" hin wirkt das optische Signal, das sich aus dem Anblick der attraktiven Braut ergibt. Der Denkprozess wird ein komplexer sein, der zahllose Schleifen und Unterschleifen enthält. Iterativ werden sie immer wieder von neuem aktiviert und modifiziert, zwischenzeitlich fallen gelassen, auch in Pausen des Schlafes wieder aufgenommen. Wie schon erwähnt kommt der Denkprozess selbst in Phasen des tiefen Schlafes nicht voll zum Ruhen. Und im Sinne asymptotischer Annäherung konvergiert der Output des neuronalen Verarbeitungssystems letztlich zum „Ja" – oder doch zum „Nein".

Die beiden, sehr ungleichen Beispiele sollen zeigen, dass sich das Modell des *Engramms im erweiterten Sinn* als globales Prinzip der Deutung neuronaler Verarbeitung eignet. Als Voraussetzung müssen lernfähige Neuronen gegeben sein, deren Synapsen zu kontinuierlicher, umkehrbarer Steigerung und Minderung der Leistungsfähigkeit geeignet sind. Es handelt sich um Neuronentypen, deren Konzentration im Kortex gut belegt ist. Alles spricht dafür, dass es sich um jene Neuronentypen handelt, die auch für Prozesse der Bewusstwerdung verantwortlich sind. Darauf soll in den nachfolgenden Abschnitten eingegangen werden.

2.7 Phänomene des Bewusstseins

Menschen artikulieren weitgehend übereinstimmend Phänomene der Bewusstwerdung. Versuche der Lokalisierung deuten auf eine maßgebliche Relevanz der Hirnrinde hin. Ihre zumindest 0,5 Sekunden dauernde, vehemente Erregung kann in Bewusstsein münden, insbesondere wenn ausreichende Dynamik gegeben ist. Allerdings sind objektivierbare physikalische Korrelate der Bewusstwerdung nicht bekannt.

2.7.1 Wesen und Sinn der Bewusstwerdung

Nach den Ausführungen der letzten Abschnitte führen in das Gehirn einlaufende sensorische Signale zu mannigfaltiger Verarbeitung. Durch vorhandene Engramme können sie assoziativ weiterverarbeitet werden. Die Signalmuster können zur Ausbildung neuer Engramme führen, im Sinne von Arbeits- und Langzeitgedächtnis. In Bruchteilen der Sekunde können Reflexe ausgelöst werden (s. Kap. 3), teilweise unter wesentlicher Mitbestimmung von Funktionsinhalten, die in bestehenden Engrammen abgelegt sind. Als weitgehend spontane Reaktionen können in Engrammen gespeicherte Verarbeitungs- und Handlungsmuster aktiviert werden. Und letztlich, zu einem kleinen Teil führen die neuronalen Erregungen zum Phänomen des Bewusstwerdens. Es entsteht eine Erlebnisempfindung als sogenannte Qualia,[6] durch das, was als *phänomenales* Bewusstsein bezeichnet wird.

---

[6] *qualitas*, lat. Beschaffenheit.

An dieser Stelle ist eine Vorbemerkung – bzw. auch ein Vorgriff auf das Weitere – angebracht: Die Existenz von Bewusstsein ist nicht gesichert. Menschen berichten in weitgehend übereinstimmender Weise über die Erfahrung von Bewusstseinsvorgängen. Doch die Wahrheit solcher Berichte ist nicht überprüfbar – ein Umstand, der jedem „bewusst" ist, der Bewusstseinsforschung betreibt. Das Problem wird noch verschärft: Nach den im Weiteren angestellten Überlegungen ist Bewusstsein nicht rückwirkungsfähig. Das heißt, dass der Umstand der Bewusstwerdung nicht berichtbar bzw. äußerbar ist. Die Berichtbarkeit beschränkt sich auf das Vorliegen eines Bewusstseins-Substrats im Sinne einer vehementen Erregung des Gehirns. Das Zustandekommen des Substrats kann z.B. verbal geäußert werden – seine tatsächliche Verknüpfung mit Bewusstwerdung aber ist nicht überprüfbar. Für das Weitere sei angenommen, dass (a) individuelle Berichte über das Aufkommen von Bewusstseins-Substraten der Wahrheit entsprechen und dass (b) dem Substrat tatsächlich Bewusstwerdung entspricht.

Wie in den nachfolgenden Abschnitten näher diskutiert wird, entzieht sich das *Wesen* des Bewusstseins der Erklärbarkeit. Trotzdem ist breite wissenschaftliche Behandlung des Bewusstseins ein etablierter Inhalt von Philosophie und Psychologie. Die naturwissenschaftliche Erforschung hingegen beschränkt sich – gezwungenermaßen – auf die im Weiteren angeführten Aspekte *indirekter* Art,[7] und im speziellen auf die *Bedingungen* der Bewusstwerdung.

---

[7] *Pauen* (2007, S. 130) argumentiert, dass sich Bewusstsein dem Zugriff der Forschung *prinzipiell* zu entziehen scheint.

Die primäre Frage, unter welchen Bedingungen Bewusstsein aufkommt, knüpft an den *Sinn des Phänomens* an. Dazu liefert die Literatur sehr unterschiedliche Hypothesen. Als Beispiel sieht der Biophysiker Rodney Cotterill[8] den Sinn in der Vermittlung der Antizipation, der Vorausahnung: Etwa von potenziellen Gefahrensituationen mit der Möglichkeit besseren und rascheren Reagierens – und damit dem Vorteil höherer Überlebenschancen. Die Interpretation setzt aber voraus, dass das Bewusstsein in der Lage ist, Reaktionen zu beeinflussen, indem es auf das neuronale Netz aktiv einwirkt, im Sinne einer Rückwirkung. Aus der Sicht des vorliegenden Textes ist das Bewusstsein rückwirkungs*frei*. Damit reduziert sich der Sinn auf das Phänomen der Bewusst*werdung*, worauf im Abschn. 2.10.2 näher eingegangen wird.

2.7.2 Lokalisierbarkeit des Bewusstseins

Ein gezielt untersuchter Teilaspekt betrifft die Lokalisierbarkeit. Angesichts des unbekannten Wesens des Bewusstseins kann das Ziel nicht in einem definierten topografischen Ort gegeben sein.[9] Sondern es beschränkt sich auf die Lokalisierung jener Teile des Gehirns, deren Intaktheit für das Aufkommen von Bewusstsein Voraussetzung ist. Ausgewertet werden Beobachtungen der Konsequenzen von Ausfällen einzelner Teile des Gehirns in der Folge von Verletzungen – von natürlich aufkommenden oder gezielt medizinisch ein-

---

[8] *Cotterill* 2008, S. 325 ff.
[9] In Grafiken wie Abb. 1.1 ist das Bewusstsein im obersten Bereich des Gehirns angedeutet. Das möge auf die als dominant vermutete Hirnrinde hinweisen.

gebrachten Läsionen.[10] Erkenntnisse liefert auch das Ruhen einzelner Regionen während Perioden der Narkotisierung oder des Schlafes. Als globales Resultat zeigt sich, dass zum Aufkommen von Bewusstsein ein intaktes Zusammenspiel *mehrerer* Bereiche des Gehirns vonnöten ist. Beteiligt sind große Regionen des Kortex, vor allem der dominanten linken Hälfte. Dem Großhirn gemäß Abb. 2.5 vorgeschaltete Teile des Gehirns erweisen sich als relevante Unterstützer, vom verlängerten Rückenmark (der Medulla oblongata) bis hin zum Thalamus des Zwischenhirns. Andererseits scheint dem Kleinhirn trotz höchster Neuronenanzahl untergeordnete Rolle zuzukommen.

Die *dominante Rolle des Kortex* wird in einer eingehenden Diskussion des Lokalitätsproblems[11] damit gedeutet, dass hier quasi der funktionelle Kern des Gehirns vorliegt. Eine Gesamtzahl von an die 100 Milliarden dichtest untereinander verschalteter Neuronen ist hier gegeben. Dem stehen nur etwa 100 Millionen Neuronen gegenüber, die afferent von der Peripherie kommen bzw. efferent zu ihr hinführen.

Ungeachtet des in späteren Abschnitten diskutierten – unbekannten – Wesens des Bewusstseins, kann davon ausgegangen werden, dass die eben genannten Hirnregionen quasi das *Interface* zwischen Gehirn und Bewusstsein ausmachen – wohl nicht als örtlich konzentrierte Schaltstelle, sondern als eine regional verteilte. Als Versuch der Deutung wurde das Bewusstsein vom Autor in einer früheren Arbeit – in Analogie zu mehrphasigen chemischen Systemen – als eine von mehreren *Phasen* angesetzt. Danach sind Teile des

---
[10] Siehe insbesondere *Penfield* 1975.
[11] *Roth* 2003, S. 224.

Gehirns von Bewusstsein „durchsetzt und durchtränkt", im Sinne untrennbarer Identität. Voraussetzung ist eine hohe Konzentration von Neuronen spezieller Eigenschaften: Sie sind bewusstseinsfähig – oder noch besser „bewusstseinsbefähigend" – wie wir es am ehesten von Pyramidenzellen und Interneuronen nach Abb. 2.5 erwarten können.

2.7.3 Zeitliche Aspekte der Bewusstwerdung

Ein wesentlich besser erforschbarer Teilaspekt betrifft *zeitliche Randbedingungen*, die für das Auftreten der Bewusstwerdung von sensorischen Inputs bzw. kortikalen Erregungsinhalten gegeben sind. Die wesentlichsten Beiträge lieferte der amerikanische Forscher Benjamin Libet.[12] Sie betreffen zwei Problemkreise: die Auslösung von Bewusstsein und seine zeitliche Entwicklung.

Zeitliche Bedingungen zur Auslösung von Bewusstsein wurden durch Ansatz von Reizelektroden direkt am Kortex analysiert. Mit einer Folgefrequenz bis 60 Hertz wurden Reizimpulse gesetzt, wobei sich als Vorbedingung einer Wahrnehmung ergab, dass ausreichende *Stärke* des Reizes aufzubringen ist. Als interessantes Resultat zeigte sich, dass Impulsfolgen sehr kurzer Dauer ohne Wahrnehmung durch die Versuchsperson bleiben (Abb. 2.9a). Wie Abb. 2.9b andeutet, beginnt Bewusstwerdung nach einer Mindestreizdauer von etwa einer halben Sekunde.

---

[12] Eine Zusammenschau der etwa 1960 begonnenen Studien findet sich in *Libet* 2007.

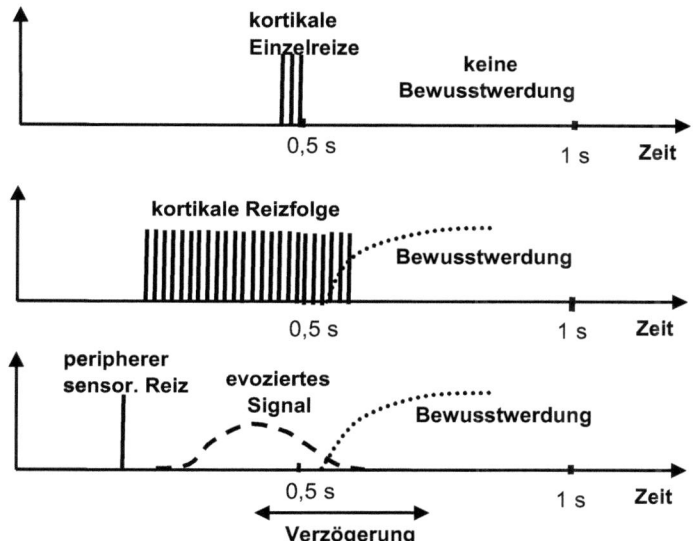

Abb. 2.9 Zeitliche Bedingungen zum Aufkommen von Bewusstsein. **a** Fehlende Bewusstwerdung von direkt am Kortex abgegebenen impulsartigen elektrischen Einzelreizen. **b** Verzögerte Bewusstwerdung von aufeinander folgenden Mehrfachreizen. **c** Bewusstwerdung eines peripher abgegebenen Einzelreizes, der zunächst durch ein evoziertes Signal beantwortet wird

Unmittelbare Reizung des Kortex hat freilich geringe praktische Bedeutung.[13] Als relevanterer Fall wurden Auswirkungen *peripherer* Reize untersucht, die z. B. an der Haut eines Beins appliziert wurden. Erfahrungsgemäß kann hier auch ein kurz gesetzter Einzelreiz zu mentaler Empfindung führen. Zunächst scheint dies im Widerspruch zur

---

[13] Später mögen sie Bedeutung erhalten, etwa im Zuge der Entwicklung von Transplantaten zur direkten Stimulation spezifischer Regionen des Gehirns.

oben genannten Mindestreizdauer zu stehen. Zur Deutung geeignet erweist sich aber der Zeitverlauf des am Kortex hervorgerufenen *evozierten* Signals (Abb. 2.9c). Es setzt nach etwa 0,1 s nach dem Reizimpuls ein, was sich mit der afferenten Laufzeit der Erregung erklärt. Dann entwickelt es sich mit komplexem Zeitverlauf, der von mehreren Faktoren abhängig ist. Erst nach etwa 0,5 s Signaldauer kommt es zur Empfindung. Als Interpretation spiegelt das evozierte Signal komplexe Erregungsmuster wider, wie sie durch die einlaufenden sensorischen Signale im neuronalen Netzwerk des Kortex ausgelöst werden.

Die Mindestreizdauer äußert sich also in einer entsprechend langen *Verzögerung der Bewusstwerdung*. Es handelt sich um eine Erkenntnis von größter Bedeutung für die Interpretation höherer Hirnfunktionen, wie sich in den anschließenden Abschnitten erweisen wird. Andererseits scheint uns die Verzögerung beim Erleben dynamischer Vorgänge nicht aufzufallen: Gezielte Experimente deuten an, dass eine subjektive *Rückdatierung* (Ante-Datierung) auftritt: Das Bewusstsein (nach den nachfolgenden Abschnitten aber tatsächlich das nach den Regeln der Physik arbeitende Gehirn) scheint den Zeitversatz auszugleichen; wohl im Sinne der lernbaren[14] Herstellung von Synchronizität, zur Vermeidung von Verwirrung.

Nicht nur die Dauer einer Erregung erweist sich als relevant, sondern auch ihr zeitlicher Verlauf. Bekanntlich werden solche Erregungsinhalte bevorzugt bewusst, denen Aktualität zukommt, indem *Dynamik* ihres Aufbaus gegeben ist. Das in Abschn. 2.1.2 beschriebene zeitli-

---

[14] *Libet* 2007, S. 113.

che Kontrastprinzip der neuronalen Umschaltung gilt in analoger Form also auch hier. Es kann angenommen werden, dass auch Gedanken – im Sinne iterativer, höherer Signalverarbeitung – zukommende Erregungen dann bevorzugt bewusst werden, wenn Diskontinuität im Sinne eines „Durchbruchs" der Problemlösung auftritt.

Weitere Ziele der Forschung sind *physikalisch-chemische Korrelate* der Bewusstseinsbildung. Zum Zeitpunkt ihres Aufkommens erkennbare spezifische Veränderungen des evozierten Signalverlaufes könnten Hinweise auf das Wesen des „Interface" liefern, wenn auch nicht auf jenes des Bewusstseins selbst. Zeitlich korrelierende Veränderungen chemischer Reaktionen könnten als relevante Indizien dienen. Im Speziellen, da die in der Literatur berichtete zeitliche Verzögerung als Hinweis auf beteiligte chemische Prozesse interpretiert werden könnte.

Demgegenüber erscheinen Zeitkonstanten der Größenordnung einer Sekunde für *elektrische* Prozesse zu groß zu sein. Es sei denn – und das erscheint als wahrscheinlich – dem Prozess der Bewusstwerdung geht eine aufwendige iterative, neuronale Signalverarbeitung voraus, welche den vielmaligen Erregungsdurchlauf von Rückkopplungsschleifen beinhaltet: entsprechend dem im Abschn. 4.2.2 behandelten, einer willentlichen Handlung vorausgehenden Denkprozess, der dort zur Deutung des sogenannten Bereitschaftssignals herangezogen wird. Nach neueren Forschungen kann dessen Dauer mehr als fünf Sekunden betragen.

Das Auffinden physikalisch/chemischer Korrelate der Bewusstwerdung ist nicht wirklich belegt. Andererseits ist ihre Existenz eine Voraussetzung für das *Erkennen* der Bewusstwerdung durch das nach physikalischen Gesetzen arbeitende Gehirn.[15] Die in diesem Text vorgenommene Annahme eines Bewusstseins von Rückwirkungsfreiheit postuliert das Vorliegen von physikalischen Korrelaten – eine Versuchsperson kann das Korrelat äußern, nicht aber das tatsächliche Vorliegen von Bewusstsein. Es scheint fraglich, ob Korrelate wissenschaftlich gesichert sind, wenngleich sie Hirnforscher wie Wolf Singer für sich in Anspruch nehmen. So formuliert der Letztere:

> Ich kann zwar angeben, wann ein Gehirn bewusst ist – das erkennt man an bestimmten Merkmalen der elektrischen Aktivität von Hirnzellen –, aber ich habe Darstellungsprobleme [...].[16]

---

[15] Das im vorliegenden Text vorgeschlagenen Modell basiert auf der Annahme von rückwirkungsfreiem Bewusstsein. Dem entspricht ein – physikalisch umstrittener – einseitiger Informationsaustausch: Das Bewusstsein resultiert als Begleiterscheinung einer gewissen physikalischen Konstellation und macht sie uns bewusst. Hingegen kann das physikalische System das tatsächliche Auftreten von Bewusstsein nicht erkennen; es entspräche einem Eingriff in das physikalische Geschehen, entgegen der wissenschaftlichen Erfahrung voller Gültigkeit der Gesetze der Physik auch im lebenden System.

Das Obige relativiert die Aussagekraft von Libets Experimenten: Die erhobenen Zeitverzögerungen betreffen demnach nicht das tatsächliche Auftreten von Bewusstsein, sondern jenes entsprechender physikalischer Korrelate (noch) unbekannter Ausprägung. Es erhebt sich die grundsätzliche Frage der experimentellen Erkennbarkeit des zeitlichen Einsatzes von Bewusstsein.

[16] *Singer* 2003, S. 50.

2.8 Dualistische und materialistische Deutungen des Bewusstseins

Dualisten wie John Eccles weisen dem nach physikalischen Gesetzen funktionierenden Gehirn einen mentalen selbst-bewussten Geist zu, dem eine aktive Unterstützung höherer Hirnleistungen zukommt. Materialisten wie Wolf Singer deuten Bewusstsein als ein Resultat hochkomplexer Systeme, aus denen Neues entstehen kann, ohne die Gesetze der Physik zu verletzen. In ebenso spekulativer Weise werden für die Auslösung von Bewusstsein zyklische Vorgänge als wesentlich angesetzt – im Sinne von „Metareflexion" oder auch von „Reentry".

Alle bisher beschriebenen Phänomene erweisen sich als physikalisch/chemisch beschreibbar. Die Mechanismen des peripheren Nervensystems gelten als weitgehend geklärt. Viele des Gehirns sind der vollen Klärung nahe. Beispielsweise werden die Funktionen von Engrammen zur Verarbeitung und Speicherung von Information durch weltweit betriebene Forschung dem Verständnis kontinuierlich näher gebracht. Darüber hinaus berichten Menschen aber in weitgehend übereinstimmender Weise vom schon im vorangegangenen Abschnitt andiskutierten Phänomen, das wir als Bewusstwerdung bezeichnen. Die Frage nach dem Wesen dieses Bewusstseins verbleibt zunächst unbeantwortet – auch die nach seiner Rolle als Bewusstmacher, beziehungsweise auch als Rückwirker im Sinne der Willensbildung bezüglich freien Denkens und Handelns.

Prinzipiell lassen sich zwei Formen der Annäherung an die Problematik unterscheiden – erstens die dualistische, die das Bewusstsein in einer geistigen, mentalen Ebene ansetzt. Andererseits versucht die monistische, materialistische Annäherung, das Phänomen als direkten, physikalisch fundierten Gehalt des materiellen Gehirns zu deuten.

2.8.1 Dualistische Modelle

Dualistische Modelle basieren auf dem populären Konzept, dem materiellen Gehirn einen immateriellen Geist gegenüber zu stellen – eine historisch vielfach modifizierte These. Die in der Literatur am stärksten diskutierte und damit wohl wesentlichste, eingehende wissenschaftliche Behandlung stammt von John Eccles (Nobelpreis 1963).[17] Er bezeichnet den Kortex als Teil der materiellen Welt 1, den *Selbst-bewussten Geist*[18] als Welt 2 (Abb. 2.10). Einem Konzept des Philosophen Karl Popper entsprechend wurde das intellektuelle bzw. kulturelle Produkt des Menschen als Welt 3 hinzugefügt,[19] eine Komponente, die nur dem Menschen zugebilligt wird (s. Abschn. 3.1.4).

Der *Welt 2* wird eine zentrale Rolle eingeräumt. Nach Eccles vermittelt sie die Wahrnehmung der Signale äußerer Sinnesorgane und damit Empfindungen wie Klänge, Berührung oder Schmerz. Sie führt über in „innere" Sinne wie Gedanken, Gefühle und Erinnerungen, wobei die Ablegungen der letzteren auch in Welt 1 angesiedelt werden. Für das später diskutierte Problem der Willensbildung ist wesentlich, dass Welt 2 auch als *Sitz* des Willens angesetzt wird.

---

[17] *Eccles* 1989.
[18] Im Sinne von sich seines Selbst (als Ich) bewusst sein.
[19] *Popper* 1982.

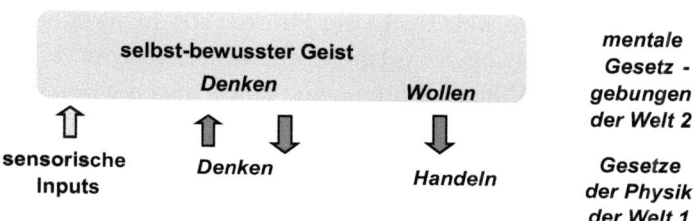

Abb. 2.10 Dualistische Deutung des Bewusstseins (nach Modellen von Eccles), angesetzt als Phänomen einer nichtmateriellen Welt 2, welche mit der materiellen Welt 1 in beidseitiger Wechselwirkung steht. Kompatibilität mit den als gültig erkannten Gesetzen der Physik ist nicht gegeben, da das mentale Bewusstsein in das materielle System einwirkt

Es wird betont, dass der selbst-bewusste Geist aktive Rollen spielt, zur Auswahl relevanter Erregungsinhalte beiträgt und somit zu ihrer bevorzugten Ablegung im Langzeitgedächtnis.

Zur *Kommunikation* zwischen Welt 1 und Welt 2 wird formuliert, dass in beiden Richtungen ein Austausch stattfindet, wie es schematisch in Abb. 2.10 skizziert ist. Sensorische Inputs fließen demnach nicht nur in die Hirnrinde, sondern auch in die Welt 2 ein. An der Informationsverarbeitung im Sinne des Denkens haben beide Welten Anteil. Damit ist allerdings keine Kompatibilität mit den als gültig erkannten Gesetzen der Physik gegeben, da das mentale Bewusstsein in das materielle System einwirkt. Dazu wird ausgeführt, dass man sich die Kommunikation als einen Fluss von Informationen – und „nicht von Energie" – vorzustellen hätte. Dem Problem der somit trotzdem vorliegenden *Rückwirkung* der mentalen Welt 2 – bzw. sogar Welt 3 – auf die physikalische Welt 1 wird mit Hinweis auf quantentheoretische Überlegungen begegnet, worauf im Abschn. 3.3.2 bezüglich der Willensbildung näher eingegangen wird.

Im Grunde genommen sehr ähnliche Überlegungen finden wir bei Hans Helmut Kornhuber. Ihm kommt die bahnbrechende Entdeckung des sogenannten Bereitschaftspotenzials zu, das im Abschn. 3.2.1 behandelt wird. Vehemente Stellungnahme bezieht er aber auch zum Phänomen des Bewusstseins. Wiewohl ein erklärter *Gegner* dualistischer Theorien, definiert er entsprechende *Rollen des Bewusstseins*:[20]

- die Überwachung und Korrektur der Informationsverarbeitung,
- die Förderung von Lernen, Wahl und Freiheit u. a. m.

Zur Erklärung der auch hier involvierten Rückwirkung deutet auch er in Richtung der Quantenphysik, jedoch mit wesentlichen Vorbehalten gegenüber Prozessen der Zufälligkeit.[21]

Generell gesehen besteht in zunehmender Weise die Tendenz, dualistische Deutungen als mystisch und unzeitgemäß einzustufen. Cotterill spricht von „ergrauter Spaltung in Geist und Körper",[22] der deutsche Hirnforscher Wolf Singer zitiert mit unzweifelhaft spöttischer Intention den (alchemistischen) „Homunkulus im Gehirn".[23] Im Sinne

---

[20] *Kornhuber* 2007, S. 85 f.
[21] *Kornhuber* 2007, S. 93 f.
[22] *Cotterill* 2008, S. 341.
[23] *Singer* 2002, S. 65 ff.

monistischer Deutungen wird verstärkt versucht, das Wesen des Bewusstseins rein materiell zu erklären.

2.8.2 Materialistische Modelle

Materialistische Thesen haben zur Grundidee, dass es Systeme höchster Komplexität sind, die das Phänomen des Bewusstseins aufkommen lassen. Als Weiterführung des Theorems wird vielfach sogar Computern Bewusstsein zugesprochen, was weder beweisbar noch widerlegbar ist. Als einer der bekanntesten Verfechter rein materieller Deutung interpretiert Singer (s. oben) das Bewusstsein als „inneres Auge", das aus *Iteration* resultiert. Entsprechend Abb. 2.11 nimmt er an, dass über sensorische Inputs zustande gekommene Repräsentationen der Außenwelt „meta-repräsentiert" werden. Zyklische, iterative Wiederholung im Sinne von Rückkopplungsschleifen lässt dabei das Phänomen des Bewusstseins aufkommen. Seine *Sinnhaftigkeit* wird mit evolutionären Vorteilen erklärt, entsprechend dem in Abschn. 3.6.3 erwähnten Gewinn höherer Überlebenschancen – womit letztlich auch Singer dem Bewusstsein Rückwirkung zubilligt. In ähnlicher Weise interpretiert Rodney Cotterill (s. oben) das Entstehen von Bewusstsein als „Dialog" mit Nerven- und Muskelsystem – als innere Simulation der Wechselwirkungen des Körpers mit der Außenwelt.

Weitgehend analoge *Ansätze komplexer Verarbeitung* liefert auch der amerikanische Biochemiker Gerald Edelman (Nobelpreis für Medizin 1972). Er nimmt an, dass „Bewusstsein aus der Interaktion zwischen Gedächtnis und ak-

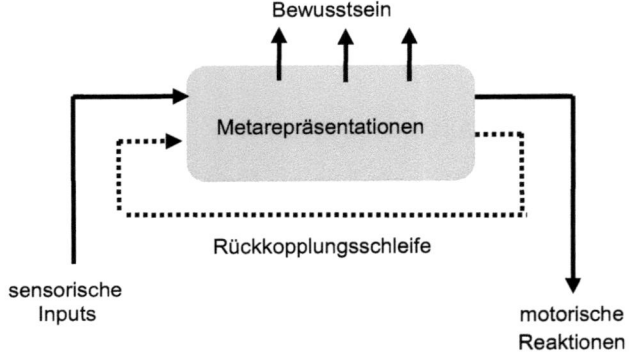

Abb. 2.11 Materialistische Deutung des Bewusstsein als Phänomen, das aus der hohen Komplexität des Systems neuronaler Verschaltungen resultiert. Schematisch angedeutet ist eine Interpretation, die sich auf iterative Repräsentationen abstützt (s. Text)

tueller Wahrnehmung entspringt".[24] Im Mittelpunkt der Hypothese steht das, was er als Reentry bezeichnet, „der dynamische, fortlaufende Prozess des rekursiven Signalaustausches".[25] Und schließlich sei der deutsche Verhaltensphysiologe Gerhard Roth zitiert. Er formuliert „hochkomplexe Zustände von Selbstbeschreibung", die aus der im vorangegangenen Abschnitt erwähnten inneren Abgeschlossenheit des Kortex resultieren.[26]

Annäherungen an das *Wesen* des Bewusstseins sind bei all diesen Thesen generell nur insofern gegeben, indem die *Quelle des Phänomens* im neuronalen Netz – oder in den ihm

---

[24] *Edelman* 2007, S. 63.
[25] *Edelman* 2007, S. 164.
[26] *Roth* 2003, S. 253.

zugrunde liegenden Genen[27] gesehen wird. Allerdings postuliert Roth „unterschiedliche Bewusstseinszustände, die von unterschiedlichen Hirnzentren hervorgebracht werden, wobei die hervorstechende Funktion in der Verarbeitung neuer und komplexer Situationen besteht". Dies kann als Aufgabenteilung zwischen dem neuronalen Netz und einem rückwirkenden Bewusstsein anderen Wesens verstanden werden, was neuerlich in physikalisch inkompatiblen Dualismus mündet. Deutlich wird dies durch Formulierungen wie „Bewusstsein als eine besonders aufwendige Form der Informationsverarbeitung".[28]

Als *Resümee* entsprechen dualistische Deutungen dem populären Denken des Menschen, was sich darin bestätigt, dass ihnen lange historische Tradition zukommt. Gegen sie spricht die schon erwähnte Inkompatibilität mit den Gesetzen der Physik, die sich als allgemein gültig erweisen. Materialistische Deutungen lassen sich zwar nicht widerlegen, doch erscheinen sie als spekulativ und willkürlich formuliert. Symptomatisch für bedingte Akzeptanz ist, dass sich in den Ausführungen bekennender Materialsten nach den oben zitierten Beispielen allzu leicht deutliche Spuren des Dualismus finden lassen.

Schließlich erscheint es kaum gerechtfertigt, aus hoher *Komplexität* Neues zu erwarten. Zum Entstehen von Bewusstsein formuliert Wolf Singer

> Durch die zunehmende Komplexität ist offensichtlich das passiert, was in komplexen Systemen nicht ungewöhn-

---

[27] *McGinn* 2001, S. 250.
[28] *Roth* 2003, S. 547 ff.

lich ist: Quantitative Vermehrung führt zu neuen Qualitäten.[29]

Diese Erwartung ist durch nichts gerechtfertigt: Gerade in neuerer Zeit entstehen Systeme höchster Komplexität durch die weltweite Globalisierung der Stromversorgung, aber auch im Rahmen der Telephonie. Dem weltweiten Internet kommt Komplexität zu, die jener des menschlichen Gehirns zumindest gleichkommt. Die Zahlen involvierter Speicherplätze – so wie auch die Synapsenanzahlen – liegen in Größenordnungen um Millionen von Milliarden, entsprechend 10^{15}. Und nichts deutet auf die Entstehung neuer Qualitäten hin. Auch komplexeste technische Systeme funktionieren – in verlässlichster Weise – nach den Gesetzen der Physik.

2.9 Ein Modell zur Relativierung der Bewusstseinsproblematik

Als Prämisse wird daran erinnert, dass die Physik Phänomene der nicht-belebten Natur – wie etwa Gravitation oder Magnetismus – beschreiben, jedoch nicht erklären kann. Zur vollen biophysikalischen Beschreibung auch belebter Natur als „Physis" wird als weiterer, gleichermaßen unerklärbarer Faktor das Bewusstsein angesetzt. Als Voraussetzung für sein Auftreten wird eine vehemente Erregung von bewusstseinsfähigen Neuronen im Sinne eines zumindest halbsekündlichen Denkprozesses angenommen.

---

[29] *Singer* 2003, S. 59.

Nüchterne Vergleiche der im Obigen beschriebenen Hypothesen verdeutlichen, dass dem Wesen des Bewusstseins rein physikalisch nicht näher zu kommen ist. Als Alternative wird in den folgenden Abschnitten ein *„physisches" Modell* vorgestellt. Es versucht, die beiden diskutierten Wege – den dualistischen und den monistisch materialistischen – zusammenzuführen, indem der Begriff physikalischer Erklärbarkeit relativiert wird.

2.9.1 Zur Problematik physikalischer Kompatibilität

Noch über das Mittelalter hinaus maßen sich die Gelehrten an, für die Gesetze der Natur ein *Verstehen* und Erklären aufzubringen. Heute sind wir bescheidener, und wir begnügen uns damit, ein qualitatives und quantitatives *Beschreiben* zu liefern. In vielen Fällen inkludiert es ein mathematisches Modell, das präzise numerische Resultate erbringen kann. Hohe Genauigkeit ist dabei mit guter Beschreibung gleichzusetzen, doch inkludiert sie kein Verstehen.

Das, was wir als unbelebte Welt bezeichnen (im Sinne von nicht lebend), vollzieht sich nach den Gesetzen der *Physik*. Je näher wir ihre Regeln ergründen, umso deutlicher zeigt sich, dass es Regeln sind, die *uneingeschränkte* Gültigkeit haben. Verlass ist auf Fehlerlosigkeit. Plötzlicher Ausfall der Gravitation tritt nicht auf. Die von der Parapsychologie behaupteten Phänomene halten strenger Prüfung nicht stand. Phänomene der Quantenphysik verbleiben der Welt des Submolekularen.

Das Obige impliziert, dass Wunder am Funktionieren dieser Welt nicht beteiligt sind. Doch ist es falsch, wenn wir glauben, für die nach physikalischen Gesetzen funktionierende Welt ein wirkliches Verstehen oder Erklären entwickeln zu können. Die Gesetze der Physik *beschreiben* den Lauf der Dinge – anhand von Hypothesen und Formelwerken. Moderne Naturwissenschaft nimmt sich aber nicht heraus, zu *erklären*. Der Faktor Gravitation lässt sich ebenso wenig erklären wie jener des Bewusstseins. So ist die häufig gehörte Ansicht legitim, dieses Sein *generell* als Wunder zu bezeichnen. Soll wirklich von Wundern die Rede sein, dann für die Welt als ein Ganzes – und für alle ihre Teile, gleichermaßen und ausnahmslose.

Vergleiche der einschlägigen Literatur verdeutlichen, dass der *Begriff* der Physik nicht eindeutig definiert ist. Überwiegend aber wird der Physik die Beschreibung der *unbelebten* Natur zugeordnet. Von der Biophysik hingegen erwarten wir ergänzende Beschreibungen der belebten Gesamtnatur, wovon auch im Weiteren ausgegangen werden soll. In sehr bedeutsamer – und die Verhältnisse vereinfachender – Weise bestätigt alle Empirie, dass die Gesetze der Physik auch im belebten System volle Gültigkeit haben. Auch das Gehirn des Menschen genügt den physikalischen Regeln, ohne Bedarf nach Adaption auch nur geringster Art.

Nach dem Obigen beschreibt die Physik auch das Verhalten von die Natur belebenden Komponenten in gültiger Art. Offen bleibt dabei, ob eine volle, *hinreichende* Beschreibung gegeben ist. Wie schon diskutiert, artikulieren Menschen das Auftreten eines als Bewusstwerdung bezeichneten Phänomens. Für die unbelebte Materie zeigt es keine Relevanz. Somit sieht die Physik auch keine Veranlassung, das Phänomen zu beschreiben. Die Biophysik hingegen ist herausgefordert, Bewusstsein als physikalische Faktoren *ergänzenden* Faktor zu behandeln und eine Beschreibung zu versuchen.

Betrachten wir dazu zunächst die sogenannten schwachen Wechselwirkungen aus Sicht der klassischen Physik. Das Phänomen der Gravitation äußert sich in anziehenden Kräften zwischen großen benachbarten Massen. Eine zu Boden fallende Kugel zeigt ein Geschwindigkeitsprofil, das unter gewissen Bedingungen mit hoher Präzision kalkulierbar ist, nachdem sich die Physik des Phänomens im Sinne sehr effektiver Modellierung eingehend angenommen hat. Gravitation ist also gut *beschreibbar*. Jedoch, das *Wesen* der Gravitation ist unerklärt, und wird es auch bleiben.

Zur Relativierung der vermeintlichen Erklärbarkeit gewohnter Phänomene wollen wir eine virtuelle Vision versuchen: Setzen wir ein Mikroskop an, das eine menschliche Zelle um den Faktor 10^{10} vergrößert abbildet. Statt gebundener Materie sehen wir nun (möglicherweise) Partikeln, die den Objekten des gewohnten Sternenhimmels ähneln. Das Beispiel verdeutlicht, dass sich die Rolle der klassischen Physik auf eine – sehr effektive – Modellierung beschränkt. Analoges gilt für moderne Quantentheorien, welche eine um einen Schritt nähere Betrachtung versuchen, wohlweislich aber keine über die Modellierung hinausgehenden Ansprüche erheben.

Offensichtlich als Ausdruck der Gewöhnung gelten gegenüber der Gravitation andere Arten der Wechselwirkung als transparenter, was aber kaum gerechtfertigt ist. Elektrisch geladene Körper ziehen einander an, wenn ungleiche Polaritäten gegeben sind; ansonsten zeigt sich Abstoßung. Analoges Verhalten gilt für magnetisch polarisierte Körper.

Der Autor betreibt jahrzehntelange Forschung in verschiedensten Bereichen des Magnetismus. Doch auf die Frage, *warum* ein Stück Eisen von einem Magneten angezogen wird, weiß er keine Antwort – obwohl die auftretenden Kräfte mathematisch gut beschreibbar sind. Erklärbar sind sie nicht.

Die Physik beschreibt die Verkopplung der genannten Wechselwirkungen in einem vierdimensionalen Koordinatensystem. Nach der klassischen Betrachtung entfallen drei Koordinaten auf den Raum, die vierte auf die Zeit. Der Brockhaus beschreibt den Raum als „die äußere Form der sinnlich erfassbaren Wirklichkeit, gekennzeichnet durch das Auseinandersein räumlicher Gegenstände". Die Dimension der Zeit wird dargestellt „als ein kontinuierliches Fortschreiten, innerhalb dessen sich alle Veränderungen vollziehen". Wahren Sinn erfahren beide Phänomene erst durch die Wahrnehmung vonseiten jener Lebewesen, die Raum und Zeit durch ihre Sensorik „sinnlich erfassen" (s. oben) und registrieren.

Physikalische Wechselwirkungen sind in ihrer Abhängigkeit von der Zeit beschreibbar und berechenbar. Bewusstsein ist nach den Überlegungen des Abschn. 2.7.3 zumindest indirekt beschreibbar. Hingegen, das Wesen der Zeit ist ebenso wenig erklärbar, wie das des Bewusstseins[30]. An den Lauf der Zeit hat sich der Mensch gewöhnt. Und wohl auch daran, dass darin mit unterschiedlicher Intensität Bewusstsein aufkommt, über Inputs der Sinnesorgane und die entsprechenden Verarbeitungen, und auch über Gedanken,

---

[30] Keineswegs gemeint ist hier die Erkenntnis, dass die Zeit eine relative Größe ist. Sie lenkt ab vom eigentlichen Problem *grundsätzlicher* Unerklärbarkeit.

die von solchen Inputs losgelöst erscheinen, es nach Kap. 3 aber tatsächlich nicht sind.

2.9.2 Bewusstsein als physischer Faktor

Die obigen Prämissen weisen den Weg, kontroversielle Tendenzen der Bewusstseinsforschung zu überbrücken und auszugleichen. Wie eingangs diskutiert, definiert sich die Physik mit der Beschreibung der unbelebten Natur und bedient sich abstrakter Größen, wie etwa der des elektrischen oder gravitativen Feldes. Die Biophysik beschreibt die *belebte* Natur. In ihr äußert sich das, was wir Bewusstsein nennen, als ein ergänzender Faktor, als ein weiteres naturwissenschaftliches Phänomen, analog zu elektromagnetischen Feldern.

In diese Richtung deutet auch Gerhard Roth mit der Formulierung, „Geist füge sich in die Natur ein, ohne sie zu sprengen", und mit der Annahme „physischer Zustände", denen „Feldeigenschaften" zukommen könnten.[31] Konträr zum hier vorliegenden Text aber geht er von Wechselwirkungen mit anderen physischen Zuständen aus und stellt eine zumindest teilweise naturwissenschaftliche Erklärung in Aussicht. Widersprochen sei auch Tendenzen, mentale Phänomene aus der Physis auszugrenzen (Abb. 2.12a), etwa mit Formulierungen wie

> Nach über hundertfünfzig Jahren Psychophysik spricht insgesamt immer noch *nichts gegen*, jedoch nach wie vor *ziemlich viel für* die These, dass mentale und physische Phänomene *wirklich* radikal verschieden sind.[32]

---
[31] *Roth* 2003, S. 253 f.
[32] *Falkenburg* 2012, S. 381.

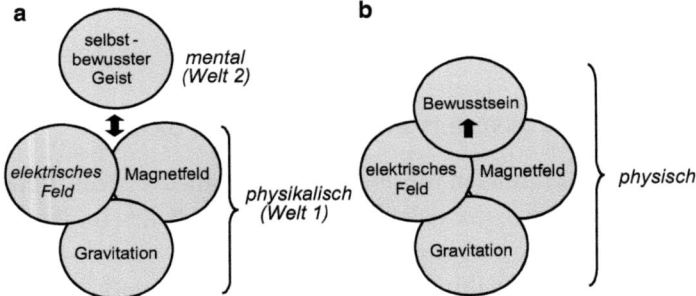

Abb. 2.12 Denkbare Einbeziehung des Bewusstseins als spezifischen physischen Faktor belebter Systeme. **a** Dualismus nach *Popper und Eccles* 1982 und *Eccles* 1989. Physisches wird auf Physikalisches reduziert, entsprechend der sogenannten Welt 1. **b** Hier vertretenes „physisches" Modell. Bewusstsein wird als physisch – der Natur zugehörig – eingestuft, als Faktor, welcher sogenannte physikalische Faktoren ergänzt

Akzeptieren wir Bewusstsein als einen physischen Faktor, wie etwa auch die Gravitation, so spricht dies gegen die gängige Darstellung, wonach hier ein *Produkt* der Evolution gegeben ist. Vielmehr ist Bewusstsein – wie andere Basisfaktoren – a priori vorhanden. Die Evolution hat Bewusstsein nicht geschaffen. Vielmehr ist sie selbst unter den Bedingungen a priori vorgegebener *physischer* Faktoren eingeleitet worden – Faktoren wie elektro-magnetische Wechselwirkungen, Gravitation und eben auch Bewusstsein, die ganz einfach „da waren"; als Anfangsbedingungen.

Als *physikalische* Analogie sei an das Aufkommen des Ferromagnetismus erinnert, die Entstehung einer Kraftwirkung zwischen einem Magneten und einem Stück Eisen. Versetzen wir uns in „Menschen" eines Planeten, der frei von massivem Eisen ist. Atome (bzw. Ionen) von Eisen finden sich zwar im Blut dieser Menschen. Doch Ferromagnetismus kommt bekanntlich erst dann auf, wenn sich viele Atome sehr nahe kommen, was zunächst am Planeten nicht gegeben ist. Und doch gelten auch für ihn die allen Planeten gemeinsamen Gesetze der Natur: Potenziell ist das Phänomen des Ferromagnetismus a priori vorgegeben. Extrahieren wir Milliarden von Eisenatomen aus dem Blut der Bewohner und konzentrieren sie in geeigneter Weise, so offenbart sich das im Verborgenen schon immer vorhanden gewesene Phänomen der Kraftwirkung. Eben wie sich das Phänomen des Bewusstseins erst dann offenbart, wenn entsprechend geeignete Neuronen in konzentrierter Weise verschaltet werden. Beide Phänomene lassen sich nicht erklären, jedoch beschreiben.

2.9.3 Bewusstsein als Gegenstand der Mathematik?

Als Funktion des Ortes lässt sich der Faktor Bewusstsein nur sehr eingeschränkt beschreiben (siehe Abschn. 2.7.2); besser als Funktion der Zeit: Bewusstsein für einen sensorischen Input kann zeitlich definiert aufkommen, maximale Intensität erlangen, um dann wieder verloren zu gehen. Dabei ließe der Faktor Bewusstsein – mit einigem guten Willen, und in sehr eingeschränktem Maße – auch eine *rechnerische* Behandlung zu. Als Beispiel gelte die einfache Differenzialgleichung

$$I_B = k_1 dI_S/dt \, , \tag{2.1}$$

mit t als Zeit und k_1 als einen von vielen Faktoren abhängigen Empfindlichkeitswert. Die Gleichung drückt die in Abschn. 2.7.3 dem Kontrastprinzip zugeordnete – näher zu untersuchende – Tendenz aus, wonach die Intensität I_B der Bewusstwerdung umso größer ist, je schneller sich die Intensitäten I_S sensorischer Inputgrößen zeitlich verändern.

Das Obige korreliert mit der Annahme, dass besonders intensives Bewusstsein im Sinne der Aufmerksamkeit auf unerwartet eingetretene Ereignisse aufkommt. Manche Philosophen allerdings vertreten schlicht das Konträre: Dennett meint, das wichtigste Merkmal von Bewusstsein sei unsere Fähigkeit, gehaltvolle Ereignisse noch einmal zu durchleben oder wiederaufleben zu lassen[33] (womit sie an Neuheitsgehalt kontinuierlich *verlieren*). Umstritten ist, ob der Zustand des Wachseins mit dauernden Bewusstseinsinhalten verbunden ist. Manche Autoren sprechen vom „kontinuierlichen Bewusstseinsstrom". Und auch die hier vertretene Hypothese schließt nicht aus, dass uns unterschwelliges Bewusstsein ständig begleitet, selbst wenn wir uns absoluter Gedankenlosigkeit und sinnlichem Abgeschottetsein hingeben (vgl. das Phänomen des Schlafes in Abschn. 3.7.2).

Zum obigen Ansatz rechnerischer Verfahren sei noch ein zweites Beispiel hinzugefügt. Nach Abschn. 2.7.2 nehmen wir in hoher Dichte vorliegende Neuronen bewusstseinsbefähigender Art als Quellen bzw. Substrate von Bewusstsein an. Die Hypothese, dass seine Intensität der Dichte ρ_{EN} entsprechend erregter Neuronen proportional ist, ließe sich

---

[33] *Dennett* 2005, S. 191.

formulieren über

$$\text{div } I_B = k_2 \rho_{EN} \,, \qquad (2.2)$$

in Analogie zur 3. Maxwellschen Gleichung.[34] In gewissem Maße entspricht die Größe ρ_{EN} einem von Christof Koch (Seattle) eingeführten Faktor ϕ, den er wie folgt definiert:

> ϕ beschreibt die Größe des bewussten Repertoires eines beliebigen Netzwerks aus kausal interagierenden Teilchen. Je stärker integriert und höher differenziert ein System ist, desto bewusster ist es.[35]

Das *verzögerte* Auftreten von Bewusstsein führt zur Arbeitshypothese, dass die große Menge erregbarer Zellen für ausreichend lange Zeit in dynamischer, „vehementer" Erregung zu stehen hat. Das würde gebieten, über ρ_{EN} zeitlich zu integrieren und einen Schwellwert anzusetzen, der zu überschreiten ist – doch auf allzu Spekulatives soll hier verzichtet werden.

Nach den obigen Thesen könnte Bewusstsein prinzipiell auch im peripheren Nervensystem aufkommen. Die Dichte geeigneter Neuronen ist dort aber wohl verschwindend klein, womit die Intensität von Bewusstwerdung zu Null entartet. Maximale Intensität entstünde im Kortex, aber auch im Kleinhirn. Letzteres würde nach bisherigen Erkenntnissen (s. Abschn. 2.7.2) eine Falsifizierung bedeuten. Doch wird hier – so wie auch in Teilen der Literatur –

---

[34] Die 3. Maxwellsche Gleichung div $D = \rho_{EL}$ beschreibt die Divergenz elektrischer Flussdichte über die Raumdichte elektrischer Ladung.
[35] *Koch* 2013, S. 230.

vertreten, dass sich die Entstehung von Bewusstsein ja auf „bewusstseinsbefähigende" Neuronen beschränkt.

Zu den beiden obigen mathematischen Beispielen sei betont, dass sie hier nicht mit dem Ziel der quantitativen Anwendung angeführt sind. Doch zeigen Beispiele der nächsten Abschnitte, dass sie für qualitative Überlegungen durchaus von Vorteil sind. Vor allem aber sollen sie verdeutlichen, dass sich Bewusstsein nur wenig von anderen Faktoren unterscheidet, die wir – fälschlicherweise – als „verstanden" abhaken.

Freilich ist nicht zu erwarten, Bewusstsein mit zwei simplen Gleichungen beschreiben zu können. Auch für den Zusammenhang zwischen elektrischem und magnetischem Feld hat Maxwell ein System von vier Differentialgleichungen benötigt. Demgegenüber ist das Zustandekommen von „Bewusstsein" möglicherweise sogar komplexer. Der Philosoph Daniel C. Dennett vergleicht es mit dem Zustandekommen von „Ruhm", der nicht punktuell entsteht, sondern als Resultat eines breiten Syndroms von Gegebenheiten.[36]

2.9.4 Resümee

Als Schlussfolgerung unterscheidet sich die belebte Natur von der unbelebten dadurch, dass zusätzlich zu physikalischen Faktoren das Bewusstsein als biophysikalischer, weiterer physischer Faktor auftritt. Dabei kann er im Kreise kaum besser verständlicher Faktoren Aufnahme finden, wie

---

[36] *Dennett* 2005, S. 154 ff.

es Abb. 2.12b suggeriert.[37] Nach dem weiter oben Gesagten, scheint sich die Ausbildung von Bewusstsein auf andere physikalische Größen nicht auszuwirken. Dies bedeutet, dass *Kompatibilität* mit den physikalischen Naturgesetzen gegeben ist; ihr Wirken bleibt in voller Gültigkeit vorhanden. Eine Verletzung ist nicht gegeben. Gleichzeitig folgt daraus allerdings, dass von einem selbst-bewussten Geist ausgehender freier Wille, wie er von Dualisten postuliert wird, nicht existent sein kann – eine Problematik, die im Kap. 3 eingehend behandelt wird.

Ergänzend sei betont, dass sich der hier eingeführte Faktor Bewusstsein grundlegend davon unterscheidet, was Libet als *bewusstes mentales Feld* (BMF) zur Diskussion gestellt hat. Der Faktor ist rückwirkungsfrei und kompatibel. Das BMF hingegen ermöglicht „eine *Kommunikation* innerhalb der Gehirnrinde ohne neuronale Verbindungen und Bahnen".[38] Es hat „die kausale Fähigkeit, bestimmte neuronale Funktionen zu *beeinflussen* oder zu verändern". Dem BMF kommt somit andere Funktion zu, es wirkt auf das physikalische System ein, ist nicht rückwirkungsfrei und somit physikalisch inkompatibel.

---

[37] *Bieri* (1997, S. 52) fordert in diesem Zusammenhang die überzeugende Beantwortung der Frage „Wie ist das möglich?". Hier ist einzuwenden, dass die Frage auch bezüglich der außer Diskussion stehenden physikalischen Faktoren nicht beantwortet werden kann.
[38] *Libet* 2007, S. 212.

2.10 Modell rückwirkungsfreien Bewusstseins

Ein physikalisch kompatibles Modell zur Funktion des Bewusstseins ist dadurch charakterisiert, dass Erregungen der Hirnrinde im Sinne von Denkprozessen Bewusstwerdungen auslösen können. Das Denken wirkt quasi als Substrat des Bewusstseins. Zur Wahrung physikalischer Kompatibilität verbleibt das Bewusstsein rückwirkungsfrei und somit ohne Einfluss auf das Denken. Nach experimentellen Befunden sind iterative Erregungen von zumindest einer halben Sekunde Dauer eine notwendige Voraussetzung. Als grundsätzliche Problematik stellt die hier angesetzte Rückwirkungsfreiheit die Möglichkeit einer Äußerung aufgetretenen Bewusstseins infrage.

2.10.1 Denken als Substrat des Bewusstseins

Aus den vorhergehenden Überlegungen resultiert, dass für das Bewusstsein Rückwirkungsfreiheit gegeben sein muss. Physikalisches, neuronales Geschehen im Gehirn geht mit dem Entstehen von Bewusstsein einher, indem es dafür eine notwendige Bedingung darstellt. Eine weitere Bedingung ist wohl, dass bewusstseinsfähige – oder besser bewusstseins*befähigende* – Neuronentypen gegeben sind. Umgekehrt bleibt das aufgekommene Bewusstsein ohne Auswirkung auf das materielle Gehirn. Abbildung 2.13 zeigt ein dementsprechendes Funktionsmodell. Auf den ersten Blick erinnert es an Abb. 2.10, das den Fall dualistischer Deutung modelliert. Anders als dort aber sind hier die folgenden Prämissen berücksichtigt:

2 Sensorische Signale und ihre Bewusstwerdung   **113**

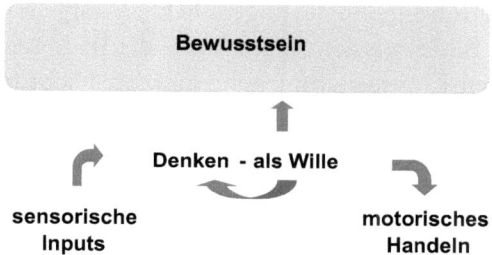

Abb. 2.13 Hier vertretenes biophysikalisches Modell zur Funktion des Bewusstseins. Kompatibilität ist gegeben, indem das Bewusstsein ohne Rückwirkung auf physikalisches Geschehen bleibt. Zu einer dualistischen Variante vgl. Abb. 2.10 bzw. Abb. 3.3, zu einer materialistischen Abb. 2.11

(1.) Entsprechend Abschn. 2.7.3 setzt Bewusstsein eine vehemente Erregung kortikaler Regionen von zumindest einer halben Sekunde Dauer voraus, was nach Abschn. 2.6.1 einem iterativen Denkprozess entspricht.

(2.) Das Bewusstsein hat – anders als nach dualistischen Deutungen – an Denkprozessen keinen Anteil, beeinflusst sie also nicht.

(3.) Auch an Prozessen der Willensbildung hat es keinen Anteil (s. Kap. 3).

Als *Beispiel zur Funktion* des Modells wollen wir einen sensorischen Input ansetzen, der z. B. aus dem Anblick eines Baumes resultiert. Ist es einer der vielen Bäume einer Allee, die wir mit dem Auto durchfahren, so wird er unser Gehirn kaum beschäftigen. Der Sehnerv wird dem Baum entsprechende Signale in das kortikale Sehzentrum einbringen. Doch werden sie sich dort „verlaufen". Durch wichtigere Informationsinhalte des augenblicklich aufgenommenen optischen Bildes werden sie im Sinne der in Abschn. 2.1.2 behandelten Kontrastierung gehemmt; vielleicht tragen sie zur sicheren Steuerung des Lenkrades bei, welche reflexartig funktioniert (nach Abschn. 3.1.1) und vom Verlaufsbild der Allee u. U. unterstützt wird. Wie immer – die Existenz des individuellen Baumes wird uns kaum bewusst werden.

Eine völlig andere Situation liegt vor, wenn unser Auto plötzlich aus beliebigem Grund auf eben diesen besagten Baum mit erhöhtem Tempo zufährt. Das Gehirn erfasst den Baum als gefährdendes Hindernis. Und – bei gutem Verlauf – kann auch hier im Sinne eines Reflexes begegnet werden. Doch wesentlich ist, dass das Bild des Baumes nun einen vehementen Erregungsprozess auslösen wird. Ihm kann beträchtliche Dauer zukommen, im Sinne iterativer Verarbeitungen, wie es nach Abschn. 2.6.1 dem Denken entspricht. Somit sind die Bedingungen erfüllt, die wir zur Auslösung von Bewusstwerdung ansetzen. Das Denken wird zum Substrat des Bewusstseins. Die Existenz des Baumes wird uns bewusst gemacht. Nach Abschn. 2.7.3 geschieht dies erst nach einer halben Sekunde. Inzwischen sind wir dem Baum längst ausgewichen, indem das Gehirn eine im Sinne eines – schon erwähnten – Reflexes sehr rasche Drehbewegung des Lenkrades eingeleitet hat; oder eine auf einem kurzen Denkprozess beruhende, etwas langsamere willentliche Bewegung. Aufkommen von Bewusstsein hingegen ist als generell träger Prozess noch später zu erwarten.

Denken versteht sich als konstruktiver, geordneter Prozess. Beim allzu schnellen Heranrasen auf einen Baum ist freilich auch mit Aufkommen von *Panik* zu rechnen. Statt geordneter iterativer Verarbeitung entsteht hier chaotisch entgleisende Totalerregung. Denken liegt nicht vor – doch im Nachhinein wird trotzdem Bewusstsein aufkommen. Mit dem Modell ist dies kompatibel, da die Bedingung der Vehemenz nun in besonders hohem Maße erfüllt ist, entsprechend einer sehr hohen Dichte ρ_{EN} aktivierter Neuronen nach Gleichung (2.2) des Abschn. 2.9.3.

Abbildung 2.13 deutet an, dass als *Inhalt* der Bewusstwerdung das neuronal aufbereitete Abbild des Baumes, das Resultat des Denkprozesses und das entworfene Ausweichmanöver aufkommen können. Am Zustandekommen der gesamten Reaktionen und Handlungsabläufe ist das Bewusstsein aber in keiner Weise beteiligt. Seine Funktion beschränkt sich auf einen rückwirkungsfreien Registrator.

2.10.2 Zur Problematik der Rückwirkungsfreiheit

Bei Bekenntnis zur Rückwirkungsfreiheit muss uns klar sein, dass daraus Zwänge des Umdenkens resultieren. Illustriert sei dies am Beispiel der Bewusst*losigkeit*. Konsens besteht, dass der bewusstlose Zustand das Lenken eines Automobils verhindert. Fehlende Rückwirkung aber bedeutet, dass das Vorliegen von Bewusstsein keinen Beitrag bringt. Die Schlussfolgerung ist, dass es der krankhafte Zustand des nach physikalischen Gesetzen funktionierenden Gehirns ist, der das Autofahren vereitelt. Dass dieser Zustand durch fehlende Bewusstseinsentwicklung gekennzeichnet ist, bleibt für das Lenken ohne Relevanz. Das heißt, auch nicht bewusstseinsbefähigte Zombies könnten Auto fahren. Schon in Erprobung stehende, fahrerlos betriebene

Roboter-Mobile sind dabei, es zu beweisen. Als weiteres Beispiel der Konsequenz bezüglich einer Neubewertung alltagsgewohnter Begriffe bedeutet Bewusstseins*störung* keinen Defekt des Bewusstseins. Vielmehr signalisiert das gestörte Bewusstsein einen Defekt des neuronalen Gehirns.

Rückwirkungsfreiheit wird hier postuliert, um dem Modell des Bewusstseins physikalische *Kompatibilität* zu sichern: Der physikalische Zustand des Gehirns ergibt eine Wechselwirkung mit dem Faktor Bewusstsein. Dieses wirkt nicht zurück. Ansonsten würden die – als auch für das lebende System als richtig erkannten – physikalischen Gesetze verletzt sein. Soweit scheint Kompatibilität gegeben zu sein. Allerdings erwartet die Physik für jeden an einem Objekt ausgeübten Messprozess eine gewisse auf das Objekt wirkende Wechselwirkung, wenn auch geringster Art. Die hier angesetzte Registrierung physikalischer Gegebenheiten durch das Bewusstsein impliziert prinzipiell eine derartige Wechselwirkung, als Schwachpunkt der Modellierung.

Die Problematik sei am Beispiel zweier technischer Analogien illustriert. An die Stelle des Gehirns setzen wir eine Rundfunkantenne. Nähern wir – anstelle des Bewusstseins – eine Empfangsantenne heran, so entzieht sie Energie und verändert den physikalischen Zustand der Sendeantenne. Es liegt eine Rückwirkung vor, wie sie auch für den Fall des Bewusstseins postuliert werden kann. Nun können wir versuchen, das Problem zu relativieren: Setzen wir einen am Mond gelandeten Astronauten an, der sein Portable-Radio benützt, um den Rundfunksender abzuhören. Kaum jemand würde argumentieren, dass eine Rückwirkung auf den so entfernt gelegenen Sender besteht – theoretisch gesehen ist sie aber existent.

Als zweite Analogie könnten wir das Bewusstsein mit einem Dokumentarfilmdreher vergleichen. Er filmt, ohne Regieanweisungen zu geben, ohne Eingriff in das Handlungsgeschehen. Doch vonseiten der Physik lässt sich auch hier eine Rückwirkung postulieren: Der Filmer bringt sich und seine Kamera in den Ort des Geschehens ein und wird integraler Bestandteil des elektromagnetisch-optischen Feldraums. Theoretisch gesehen kommt es zu einer Veränderung des Energiefeldes, wenngleich zu einer praktisch vernachlässigbaren.

2.10.3 Sinnhaftigkeit des Bewusstseins

Rückwirkungsfreiheit des Bewusstseins führt uns zurück auf die Frage nach Aufgaben und Sinn der Bewusstwerdung. Wie schon erwähnt, ordnet selbst der ansonsten eher materialistisch argumentierende Gerhard Roth komplexe Funktionen zu. So formuliert er das Folgende:

> Alles, was im Bewusstsein auftaucht, d. h. Wahrnehmungen, Vorstellungen, Gedanken, Gefühle, Bewegungen usw., wird von einem anderen Bewusstseinszustand, dem Ich oder Selbst, angeeignet.[39]

Auch spricht er wiederholt von bewusstem Denken, Zurückverfolgen oder Abwägen – wobei offen bleibt, ob Denkinhalte nur bewusst gemacht werden, oder ob es das Bewusstsein ist, das die Aufgabe z. B. des Denkens übernimmt. Vom Letzteren ist auszugehen, wenn er das „Bewusstsein als

---

[39] *Roth* 2003, z. B. S. 549.

besonders aufwendige Form der Informationsverarbeitung" bezeichnet.

Die hier vertretene These ordnet das Denken einem rein physikalischen Wirken des neuronalen Netzes des Gehirns zu. Das rückwirkungsfrei arbeitende Bewusstsein hat die ausschließliche Aufgabe der *Bewusstmachung* von Erregungsinhalten des Denkens, einschließlich dessen Verarbeitung von Inhalten anderer Funktionseinheiten, wie z. B. den Speichern (Abb. 3.7). Dies wird angenommen im Sinne der biophysikalisch relevanten Rückwirkungsfreiheit; aber auch als die evolutionär wahrscheinlichere Organisation: Die Funktionen der Signalverarbeitung und -abspeicherung durch das Gedächtnis sind erwiesenermaßen Aufgaben des neuronalen Gehirns. Es ist kaum einzusehen, dass noch höhere Formen der Verarbeitung einem anderen, nach anderen Regeln funktionierenden System übertragen sind (wie von Dualisten angenommen). Viel wahrscheinlicher ist ein von Kontinuität getragener Prozess evolutionärer Entwicklung: von Gehirnen niedrig entwickelter Tiere, die einfache Verteidigungsreflexe und -reaktionen ermöglichen über solche, die Phänomene der Selbsterkennung beherrschen bis hin zu höchst entwickelten, die Werke von Kunst und Wissenschaft produzieren.

Die hier angenommene Rückwirkungsfreiheit wirft freilich die Frage nach der *Existenzberechtigung* des Bewusstseins im Sinne evolutionärer Entwicklung auf. Der in der Literatur ins Treffen geführte, aus Antizipation resultierende Überlebensvorteil entfällt. Aus philosophischer Sicht formuliert John Searle (Berkeley) das Folgende:

> Bewusstsein ist eine Bedingung dafür, dass etwas Bedeutung hat [...] Nur für ein bewusstes Wesen kann ein Ding von Wichtigkeit existieren.[40]

Nach den vorwiegenden Annahmen war es die menschliche Evolution, die Bewusstsein hervorgebracht hat; um uns die Bedeutung dieses Lebens erfahren zu lassen. Hier hingegen wird davon ausgegangen, dass es nicht die Evolution des Menschen war, die Bewusstsein geschaffen hat. Vielmehr war ihr nach Abschn. 2.9.2 Bewusstsein als physischer Faktor als *Anfangsbedingung* vorgegeben. Die evolutionäre Entwicklung des Menschen äußert sich alleine in zunehmend verstärktem Auftreten von Bewusstsein in neuronal verbesserten Gehirnen.

Die Literatur tendiert dazu, das Selbst-Bewusstsein (bzw. Ich-Bewusstsein im Sinne des Wissens um das eigene Ich) als entscheidenden Erfolg der Evolution von Bewusstsein zu bewerten. Dem steht gegenüber, dass für verschiedene *Qualitäten des Bewusstseins* kein Indiz besteht. Eine Einteilung in „Bewusstsein" – etwa nieder entwickelter Tiere – und „Selbst-Bewusstsein" – vor allem des Menschen – wie sie von vielen Autoren vorgenommen wird, erscheint obsolet. Hier sei zur Diskussion gestellt, allen Lebewesen eine gemeinsame Form des Bewusstwerdungsprozesses zuzubilligen: Menschen und Tiere, oder auch potenzielle, entsprechende Wesen anderer Planeten entwickeln sich unter universell vorgegebenen Faktoren wie Gravitation und Bewusstsein, wobei unterschiedlicher Evolutionsverlauf freilich zu divergierenden Resultaten führen kann. Die Annah-

---

[40] *Searle* 2004, S. 110.

me, dass Lebewesen aller Art gleiches Bewusstsein gegeben ist, impliziert Wesentliches: Für alle Arten resultiert die potenzielle Chance, Selbst-Bewusstsein zu erlangen – im Zuge sehr langzeitlicher evolutionärer Entwicklung des Gehirns, wie sie sich durch gesteigerte Fähigkeiten des Denkens ausdrückt.

Formal gesehen – und mit dem Vorteil der Geschlossenheit – gleicht die oben vertretene These dem sogenannten *Panpsychismus*. Dieser weist beliebigen Objekten, d. h. selbst dem Stein, ungeachtet ihrer Belebtheit eine Seele zu. Hier wird belebten Systemen eine allen gemeinsame Qualität von Bewusstsein zugewiesen. Mit zunehmender Einfachheit des Systems, abnehmender Zahl bewusstseinsfähiger Neurone – oder gar fehlender, etwa für Einzeller wie Bakterien – entarten die bewusst gemachten neuronalen Erregungsinhalte zu Null.[41] Nach der im Abschn. 2.9.3 diskutierten Gleichung (2.2) entspricht dies $\rho_{EN} = 0$.

Die Qualität der Bewusstseins*inhalte*, die mannigfaltig sind, hängt ab von der entsprechenden Qualität des *Gehirns*. Ein und dasselbe Bewusstsein lässt Triviales erleben, aber auch – mit kontinuierlicher, sekundenschneller Überlenkung – intellektuelle Reflexionen kultureller Entwicklung. Das Bewusstsein registriert Erregungsinhalte des Gehirns ungeachtet ihrer Bedeutung oder Komplexität.

Was verbleibt somit von der *Sinnhaftigkeit* des Bewusstseins? Bezüglich des neuronalen Gehirns ist das Bewusstsein ohne jede Rückwirkung und damit ein funktionsloses Epi-

---

[41] Während hier also ein kontinuierlich verlaufender Zusammenhang angesetzt wird, erwartet *Singer* 2003 (S. 59) einen sprunghaft verlaufenden, indem er annimmt, dass quantitative Vermehrung zu neuer Qualität führt.

phänomen. Bezüglich des individuellen Ichs ist kein Epiphänomen gegeben, wenn wir die Funktion der Bewusstmachung vehementer neuronaler Erregungen akzeptieren. Das Bewusstsein verleiht uns die Fähigkeit, uns selbst zu erleben.

2.11 Schlussfolgerungen zum Kapitel 2

Das Kapitel behandelt die Verarbeitung von in das Gehirn einlaufenden sensorischen Signalen bis hin zu ihrer teilweisen Bewusstwerdung. Schon beim Hinlauf zum Gehirn wird der Umfang sensorischer Signale schrittweise reduziert. Sogenannte Umschaltungen wirken als Filter. Passieren lassen sie nur das, was aktuell und bedeutsam ist, wobei verschiedene Informationen in gegenseitiger Konkurrenz stehen. Filterfunktionen resultieren aus neuronalen Grundschaltungen. Die Natur erzielt dabei differenziertes Übertragungsverhalten aus einfachsten Kombinationen erregender und hemmender Zellen.

In das Gehirn einlaufende *sensorische Erregungen* verteilen sich an die verschiedenen Regionen des neuronalen Netzes, das mehr als hundert Milliarden Zellen umfasst. Lokale Ortbarkeit gelingt in zunehmendem Maße durch bildgebende Verfahren wie NMR und PET, unterstützt durch EEG und MEG. Funktionell gesehen kann spontane Beantwortung sensorischer Signale durch Reflexe geschehen, aber auch durch höhere Signalverarbeitung, Abspeicherung im Gedächtnis bis hin zur Bewusstwerdung.

Aus biophysikalischer Sicht geschieht alle Verarbeitung durch sogenannte *Engramme*, d. h. durch in das neuronale Netz eingeschriebene Pfade, die von Erregungen bevorzugt passierbar sind. Im Kortex besorgen Engramme die logische Verknüpfung von Informationen im Sinne von Assoziationen. Und Engramme – entsprechend ihrer ursprünglichen Definition – sind es, welche die Abspeicherung im Arbeitsgedächtnis besorgen, dessen Inhalt sich laufend erneuert. Nach permanentem Training erfolgt die Umspeicherung in das Langzeitgedächtnis. Es basiert auf morphologischer Verstärkung synaptischer Kontakte.

Der Großteil aller Information wird uns nicht bewusst gemacht. Das *Bewusstsein* beschränkt sich auf Aktuelles und Dominantes. Sein Zustandekommen ist ein träger Prozess, der eine halbe Sekunde in Anspruch nimmt. Derartig lang dauernde Erregungsvorgänge setzen schleifenartige, iterativ wiederholte Aktivierungen voraus, wie sie für den Prozess des Denkens gegeben sind. Denken wird somit zum Substrat des Bewusstseins. Daraus folgt, dass sich die Bewusstwerdung dynamischer Prozesse grundsätzlich mit Verzögerung ergibt.

Bezüglich der *Deutung des Bewusstseins* erklären es Materialisten als eine Eigenschaft des komplexen neuronalen Systems, wobei sogar Computern Bewusstsein zugeschrieben wird. Im vorliegenden Text wird die Problematik relativiert. Es wird daran erinnert, dass physikalische Faktoren wie Zeit, Elektrizität, Magnetismus und Gravitation zwar beschreibbar, aber nicht erklärbar sind. Somit kommt dem Bewusstsein keine Sonderstellung zu. Es ist ein weiterer – beschreibbarer, aber nicht erklärbarer – *physischer*, d. h. der Natur angehöriger Faktor, der allein in lebenden Systemen aufkommt. Steigende Dichte bewusstseinsbefähigender Neuronen erbringt zunehmende Ausgeprägtheit des Bewusstseins; bis hin zum Ich-Bewusstsein des gereiften menschlichen Gehirns. So gesehen ist Bewusstsein kein Produkt der Evolution. Es ist eine der Prämissen ihrer Entwicklung.

Als eine Schlussfolgerung unterscheidet sich der Gehalt der *Biophysik* durch nichts anderes als durch das Mitwirken des Faktors Bewusstsein von jenem der Physik, deren Gesetze auch im lebenden System volle Gültigkeit haben. Das heißt, dass dem Bewusstsein Rückwirkungsfreiheit zukommt. Bezüglich physikalischer Systeme entartet es somit zum Epiphänomen, indem es nichts bewirkt. Doch auch die *Zeit* wird von manchen Autoren als Epiphänomen interpretiert, indem sie als ein Produkt der Beobachtung des Menschen gedeutet wird. In analoger Weise beschränkt sich die Rolle des Bewusstseins auf die Vermittlung der Wahrnehmung neuronaler Erregungsmuster. Aktives Mitwirken ist nicht gegeben – eine grundlegende Prämisse für das nachfolgende Kap. 3.

Literatur

Bear MF, Connors BW, Paradiso MA (2009) Neurowissenschaften. Spektrum, Heidelberg

Bieri P (1997) Analytische Philosophie des Geistes. Beltz, Weinheim

Cotterill R (2008) Biophysik. Wiley-VCH, Weinheim

Dennett DC (2005) Süße Träume. Suhrkamp, Berlin

Eccles JC (1957) The physiology of nerve cells. John Hopkins, Baltimore

Eccles JC (1989) Die Evolution des Gehirns – die Erschaffung des Selbst. Piper, München

Edelman GM (2007) Das Licht des Geistes – Wie Bewusstsein entsteht. Rowohlt Taschenbuch Verlag, Reinbek

Falkenburg B (2012) Mythos Determinismus. Springer, Heidelberg

Kandel ER, Schwartz JH, Jessel TM (2000) Principles of neural science. McGraw-Hill, New York

Katz B (1974) Nerv, Muskel und Synapse. Thieme, Stuttgart

Koch C (2013) Bewusstsein – Bekenntnisse eines Hirnforschers. Springer Spektrum, Berlin Heidelberg

Kornhuber HH, Deecke L (2007) Wille und Gehirn. Edition Sirius, Bielefeld Locarno

Libet B (2007) Mind Time. Suhrkamp, Frankfurt am Main

McGinn C (2001) Wie kommt der Geist in die Materie? Das Rätsel des Bewusstseins. Beck, München

Pauen M (2007) Was ist der Mensch? DVA, München

Pauen M, Roth G (2008) Freiheit, Schuld und Verantwortung. Grundzüge einer naturalistischen Theorie der Willensfreiheit. Edition Unseld – Suhrkamp, Frankfurt am Main

Penfield W (1975) The Mystery of the Mind. Princeton Univ. Press, Princeton

Pfützner H, Nussbaum C, Booth T, Rattay F (1996) Physiological analoga of artificial neural networks. In: Nonlinear Electromagnetic Systems. IOS Press, Amsterdam

Pfützner H (2012) Angewandte Biophysik. Springer, Wien New York

Popper KR, Eccles JC (1982) Das Ich und sein Gehirn. Piper, München

Roth G (2001) Fühlen, Denken, Handeln. Suhrkamp, Frankfurt am Main

Roth G (2003) Aus Sicht des Gehirns. Suhrkamp, Frankfurt am Main

Searle JR (2004) Mind. Oxford Univ. Press, New York

Singer W (2002) Der Beobachter im Gehirn. Suhrkamp, Frankfurt am Main

Singer W (2003) Ein neues Menschenbild? Gespräche über Hirnforschung. Suhrkamp, Frankfurt am Main

3
Modellierung höherer Hirnleistungen

Erregbare Zellen als Komponenten des Nervensystems sind durch schnelle Verarbeitung und hohe Geschwindigkeit der Informationsweitergabe charakterisiert. Daraus folgen rasche Reaktionen reflektorischer Art. Demgegenüber sind *höhere* Leistungen des Gehirns, so wie das Denken, mit Verarbeitungszeiten verbunden, die mit steigender Komplexität zunehmen. Schließlich repräsentiert die evolutionäre Veränderung der Persönlichkeit sogar einen lebenslangen Prozess. Hier wird ein auf Iteration basierendes Modell zur Diskussion gestellt, das eine universelle Beschreibung aller eben genannten Vorgänge verspricht. Die Anwendbarkeit wird an zahlreichen Beispielen illustriert.

3.1 Herkunft motorischer Signale

Bei Reflexen wird sensorische Erregung über wenige synaptische Umschaltungen bei geringstem Zeitaufwand in motorische umgesetzt. Reaktionen dauern länger, da vorgefertigte multisynaptische Engramme durchlaufen werden. Somit wird die motorische Antwort von angeborenen Gefühlen mitbestimmt, und sie nutzt erlernte Bewegungsmuster. In undeutlicher Weise werden auch Handlungen von sensorischen Inputs bestimmt. Sie involvieren iterative Engramm-Durchläufe im Sinne von Denkprozessen. Sind die entsprechenden Erregungsprozesse von hinreichender Dauer und Intensität, so kommt Bewusstwerdung auf.

3.1.1 Drei Ebenen der Komplexität

Schon im Abschn. 1.5 wurde die neuronale Ansteuerung der Muskulatur behandelt, und auch der Prozess der Muskelkontraktion. Hier sollen die entsprechenden *Quellen* motorischer Ansteuerung diskutiert werden. Der Abschn. 1.4.1 postuliert Sensorzellen als die primäre Quelle sämtlicher neuronaler Erregung. Somit sollte sich jegliches motorisches Signal auf ursprünglich sensorisches Geschehen zurückführen lassen. In vielen Fällen liegt der Konnex auf der Hand, in anderen ist es schwer, ihn nachzuvollziehen. Bezüglich der Schwierigkeit des Nachvollzugs seien hier aus biophysikalischer Sicht *drei Ebenen* (Abb. 3.1) unterschieden:[1]

(1.) Reflexe – Sie erfolgen aus klar definierter Quelle. Indem sie auf Übertragungen über einzelne Synapsen hinweg basieren, fallen sehr kurze Verarbeitungszeiten von Millisekunden an.
(2.) Reaktionen – Hier kommt es zum Mitwirken bereits verfügbarer, permanent abgelegter Engramme, deren Trainingszustand seinerseits aus sensorischen Inputs und deren Beantwortung resultiert. Es sind multisyn-

---
[1] Die Physiologie bzw. Psychologie definieren hier in sehr differenzierter Weise.

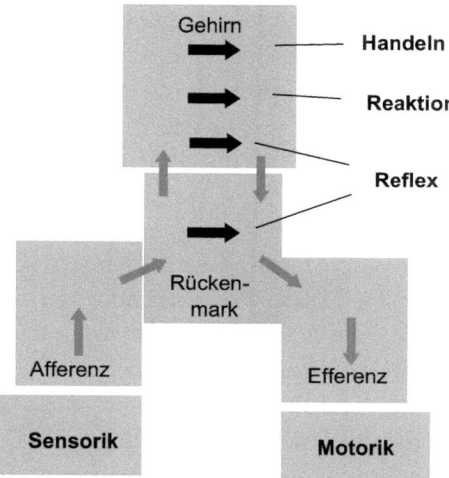

Abb. 3.1 Drei Ebenen der Wandlung sensorischen Inputs in motorische Outputs, wobei im Falle des *Handelns* die Quellen zeitlich/räumlich verteilt sind und durch Unschärfe gekennzeichnet sind. Das Bewusstsein ist nicht involviert

aptische Engramme eingebunden, was entsprechende Verzögerung bewirkt.

(3.) Handlungen – Sie ergeben sich bei offensichtlicher Mitbeteiligung von neuen, aktuell modifizierten oder generierten Engrammen. Handlungen involvieren Mechanismen kurzzeitiger Zwischenabspeicherung, wie sie für das Zustandekommen des Arbeitsgedächtnisses im Spiel ist (s. Abschn. 2.4.3). Dies erklärt, dass Verarbeitungszeiten von bis zu mehreren Sekunden Dauer aufkommen können, wie sie experimentell für das Zustandekommen einer „willentlichen Handlung" registriert werden. Eine solche sei schon an dieser Stelle in Anlehnung an die neuere Literatur als eine Handlung definiert, deren Zustandekommen vom Bewusstsein als willentlich *empfunden* wird.

3.1.2 Reflexe

Etwas näher besehen sind Reflexe so definiert, dass sensorische Inputs auf kürzestem Wege in motorische Signale gewandelt werden. Abbildung 3.2a illustriert den – in der physiologischen Literatur breit beschriebenen – Fall eines leichten Schlages auf die linke Fußsohle eines Kleinkindes. Mechanische Sensoren feuern an das Rückenmark und weiter auf Motoneuronen des Streckers des Beins. Gleichzeitig wird der Beuger des rechten Knies aktiviert. Kurze Übertragungszeit resultiert daraus, dass der Pfad der Aktionsimpulse auf einen halben Meter Fortlauf und auf das Passieren von einzelnen Synapsen eingeschränkt ist. Beim erwachsenen Menschen schließt sich die entsprechende Bahn im Gehirn. Höhere Weglänge und mehrfache synaptische Verschaltung verzögern und verunschärfen die Reizantwort, die durch „mitmischende" Erregungen des Gehirns stark verändert ausfallen kann.

Viel differenzierter wird ein Peitschenschlag auf die Fußsohle ausfallen (Abb. 3.2b). Der bedauernswerte, von entsprechender Rechtssprechung Verurteilte wird reflexartige Verkrampfungen zeigen, aber auch versuchte Abwehrhandlungen. Und das Ereignis wird sich in das Gedächtnis einschreiben; zunächst in das Arbeitsgedächtnis. Aufgrund des einschneidenden Ereignisses besteht aber kein Zweifel dar-

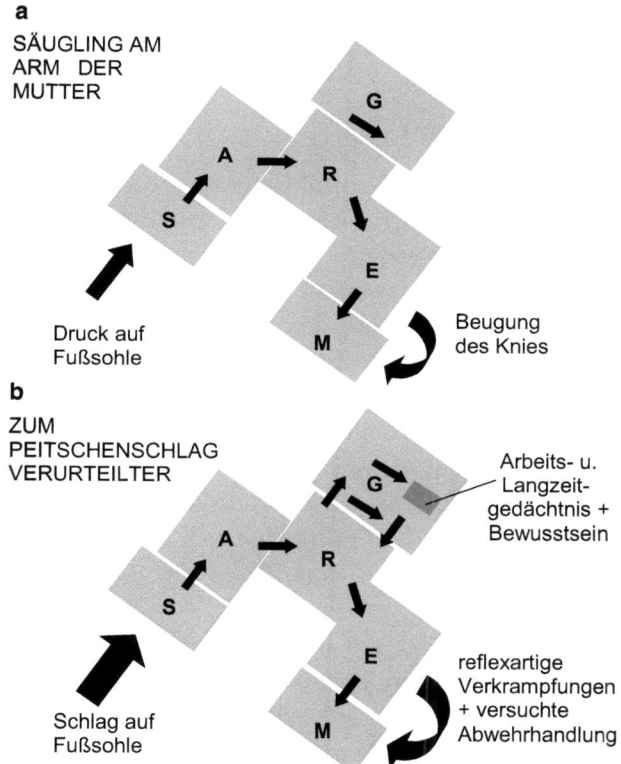

Abb. 3.2 Praktische Beispiele von Reflexen und höheren Reaktionen (zu Abkürzungen s. Abb. 1.1). **a** Modulbild eines Säuglings im Arm der Mutter. Leichter Schlag auf die linke Fußsohle bewirkt – unter anderem – Beugung des rechten Beins als Reflex sehr kurzer Verschaltungszeit. **b** Starker Schlag auf die Fußsohle eines Erwachsenen erbringt reflexartige Verkrampfungen, aber auch höhere Reaktionen, wie Abspeicherung im Gedächtnis und Bewusstmachung

an, dass es auch zur Bewustwerdung und zur Umspeicherung in das Langzeitgedächtnis kommen wird.

3.1.3 Reaktionen

Als Reaktion sei hier der multisynaptische Fall definiert, dass sensorische Inputs Erregungen von durch Prägung oder Training vorgefertigten Engrammen in Gang setzen. Funktionell gesehen lassen sich die sogenannten *Affekte* einordnen. Sie basieren auf den mannigfaltigen Arten der Gefühle und Emotionen. Entwicklungsgeschichtlich wurden sie früh ausgebildet. Keineswegs sind sie dem Menschen vorbehalten; unter Umständen trägt gerade er sie schon in verkümmerter Form. An den entsprechenden Engrammen sind somit nicht so sehr die schon diskutierten Felder des Kortex beteiligt, sondern es handelt sich um dem Gehirn vorgelagerte Bereiche, im Besonderen um das Limbische System.

An dieser Stelle sei auf das in jüngster Zeit auch öffentlich stark diskutierte Phänomen von sogenannten *Spiegelneuronen* eingegangen. Als viel zitiertes Beispiel führt die Beobachtung eines gähnenden Menschen zum Gähnen des Beobachters. Die Literatur neigt dazu, als Interpretation die Aktivierung spezifischer Neuronen anzusetzen – eben die der Spiegelneuronen. Aus biophysikalischer Sicht ist dies nicht gerechtfertigt. Die Verarbeitung spezieller sensorischer Signale – im vorliegenden Fall optischer – geschieht durch Engramme (im weiteren Sinn entsprechend Abschn. 2.3.3), deren beteiligte Neuronen inhaltsneutral funktionieren. Das Phänomen stützt sich also nicht auf spezifische Neuronentypen – vielmehr kann es als Reflex komplexer Natur bzw. als Reaktion gedeutet werden: Die dem Gähnen entsprechenden Erregungsmuster aktivieren assoziative Engramme, welche letzlich dem Gähnen entsprechende motorische Signalmuster zur Auslösung bringen. Angeborene Reflexe und Reaktionen dienen zum großen Teil der Sicherung des Überlebens – doch es gibt auch harmlose Entgleisungen, wie jene der „ansteckenden" Wirkung des Gähnens.

Gefühle sind angeboren, können sich aber durch Erfahrung verdichten bzw. abschwächen und werden auch aktuell durch physiologische Körperumstände und sensorische Inputs beeinflusst. Bezeichnenderweise hat ein Gefühl den spezifischen Sinn, bestimmten Situationen (etwa sensorischen Inputs) mit einer Reaktion zu begegnen, die präventiven Charakter hat. Als Beispiel bewirkt die Situation einer Bedrohung das Gefühl von Angst als Auslöser von Flucht als Reaktion. Darben bewirkt Hunger und letztlich Essen als Reaktion, überlanges Wachsein Müdigkeit, die uns veranlasst, Schlaf zu suchen. Die letzteren Reaktionen verlaufen mit trägem zeitlichen Verlauf, da keine Eile gegeben ist. Fluchtreaktionen sind schneller, doch träger als reine Reflexe, da höhere Bereiche des Gehirns mit beteiligt sind, etwa Inhalte des Langzeitgedächtnisses zum Verlauf früherer Bewältigung analoger Situationen.

Als konkretes Beispiel für *erlernte* Reaktionen löst die Belastung der linken Fußsohle auch bei unbewusst verlaufender Gehbewegung sensorische Signale aus. Im Zuge eines Schrittes 1 entstehende Signale dienen im Gehirn zur optimierten Einleitung des nachfolgenden Schrittes 2. Zu seiner Durchführung werden Bewegungsmuster aktiviert, deren Signale zur zeitlich/räumlich koordinierten Erregung bzw. Hemmung all jener Muskeln führen, die für ausgereiftes Gehen verantwortlich sind.

3.1.4 Handlungen

Das Aufkommen reflektorischer bzw. reaktionsartiger Bewegungen kann – im Nachhinein – vom Bewusstsein erfasst werden. Auch der zeitliche Ablauf des wohltrainierten Gehens wird uns manchmal bewusst. Doch ist es freilich auch möglich, dass wir ganz *bewusst* einen Schritt tun, den wir besonders abwägen, etwa zur vorsichtigen Annäherung an eine giftige Schlange. Somit wird der Schritt zu dem, was als *Handlung* bezeichnet wird. Als spezifisches Merkmal liegt hier eine Konstellation vor, der Neuheitsgehalt zukommt, und die somit nicht routinemäßig beantwortbar ist. In vorgefertigten Engrammen bereitgestellte Erregungsmuster fehlen und können somit zur Problemlösung nicht spontan eingesetzt werden. Stattdessen sei hier angenommen, dass das Gehirn zu vorhandenen Engrammen eine spezifisch angepasste Umgebung (im Sinne der Computersprache) schafft.

Die Anpassung erfolgt wohl iterativ, indem Erregungsschleifen schrittweise optimiert werden.[2] Wie im Falle entsprechender PC-Abarbeitung fällt dabei *Zwischen-Abspeicherung* an, die nach dem Muster des Arbeitsgedächtnisses zustande kommt. Wie im Abschn. 2.4.3 diskutiert, geschieht kurzzeitige Abspeicherung durch gesteigerte Leistungsfähigkeit von im Erregungsweg liegenden Synapsen.

---

[2] Dies kann der in *Roth* (2003, S. 484) diskutierten „dorsalen Schleife" entsprechen, und den dort aufgelisteten verschiedenen Arealen des Gehirns, die an den Erregungswegen beteiligt sein können.

Somit kommt der Faktor *Zeit* ins Spiel. Mit steigendem Neuheitsgehalt der zu beantwortenden Konstellation werden zunehmend viele Durchläufe von Optimierungsschleifen anfallen. Dies alles kann erklären, warum einer Handlung beträchtlich lange vorbereitende Erregungstätigkeit vorausgehen kann.

Die zeitliche Entwicklung ist relevant für das im nachfolgenden Abschnitt näher behandelte *Bereitschaftssignal*, ein EEG- oder MEG-Signal, das der Handlung vorausgeht und mehrere Sekunden dauern kann. Vieles spricht dafür, dass die Dauer ein Maß für die Komplexität und den Neuheitsgehalt der Konstellation darstellt. Im Abschn. 2.9.3 wurde für Neuheit und Aktualität eine Begünstigung des Auftretens von Bewusstwerdung postuliert. Dies entspricht dem Umstand, dass Handlungen bewusst erlebt werden, und dass solche mit komplexer Vorbereitung als *willentlich* empfunden werden.

3.2 Handeln mit freiem Willen?

Dualisten deuten freien Willen damit, dass der seines Selbsts bewusste Geist im materiellen Gehirn der Handlung entsprechende motorische Erregungen auslöst. Die These wird auch heute noch weitgehend aufrecht erhalten, obwohl Bewusstwerdung erst nach Auftreten eines sogenannten Bereitschaftssignals aufkommt. Benjamin Libet fordert freien Willen zumindest im Sinne einer „Veto-Funktion".

Der Großteil motorischer Aktivitäten lässt sich als reflektorisch interpretieren. Die Quelle sensorischer Erregung mag eindeutig sein, oder auch verborgen durch das Mitwirken komplexer Einflussgrößen. Die meisten Aktivitäten geschehen unterbewusst; nur ein kleiner, spezifisch relevanter Teil wird uns bewusst gemacht. Daneben werden aber auch solche Handlungen postuliert, die bewusst aus freiem Willen geschehen. Analog zur Problematik des Bewusstseins lassen sich auch hinsichtlich der Willensbildung zwei *grundsätzlich* verschiedene Annäherungen unterscheiden: Dualistische Thesen, für welche die Freiheit des Willens ein Faktum ist. Und der kompromisslos monistische Materialismus, für den die Freiheit Chimäre ist – als das andere Extrem.

3.2.1 Modelle des Dualismus

Die wesentlichsten Vertreter der – in der Öffentlichkeit populären – dualistischen These sind, wie schon erwähnt, John Eccles und Karl Popper, denen ihre Verteidigung ein lebenslanges Anliegen war. Abbildung 3.3 fasst ihr Konzept des *freien* Handelns zusammen.[3] Freiheit wird dabei so definiert, dass die zu einem beliebigen Zeitpunkt potenziell – vom Bewusstsein gesteuert – eine Handlung A initiierende Person auch eine Handlung B einleiten könnte, oder ebenso gut auf Handlungen verzichten könnte. Der materiellen Welt 1 wird die mentale Welt 2 gegenüber gestellt. Im Zentrum steht der selbst-bewusste Geist (SBG). In uneingeschränkter Freiheit kann er Willensprozesse initi-

---

[3] *Popper* 1977.

ieren, indem er auf das Gehirn (als Teil der Welt 1) einwirkt und im motorischen Zentrum Erregungen auslöst, die dem Willensziel entsprechen. Die Exekution des solchermaßen vorgegebenen „freien" Willens erfolgt durch efferente Bahnen, die letztlich die angestrebten muskulären Kontraktionen auslösen – sofern Intaktheit des peripheren Systems gegeben ist, als eine Bedingung für die *Wirksamkeit* des Willens. Das Willensziel muss nicht motorisch ausgerichtet sein. Es kann auch in der Auslösung von Denkprozessen gelegen sein, wie in Abschn. 4.5.1 näher diskutiert wird.

Schon 1965, und damit mehr als ein Jahrzehnt vor der ausführlichen Formulierung des SBG-Konzepts, gelang den deutschen Neurobiologen Kornhuber und Deecke die wichtige Entdeckung des *Bereitschaftssignals*.[4,5] Es handelt sich um ein am Schädel abgeleitetes EEG-Signal, das im Zuge einer willentlichen Bewegung aufkommt, z. B. durch das Beugen eines Zeigefingers. Wie in Abb. 3.4 skizziert, äußert sich der Bewegungsprozess durch ein – äußerst schwaches – rampenartiges Signal, das seinen Höhepunkt etwa im Augenblick der Bewegung, dem Zeitpunkt Null aufweist, bzw. schon eine Zehntel Sekunde davor, dem Augenblick des Auslaufes der efferenten motorischen Erregungen aus dem motorischen Feld des Gehirns. Dieser Zeitversatz ergibt sich entsprechend den Erwartungen aus der Laufzeit zum Finger sowie der in Abschn. 1.5.1 beschriebenen Kontraktionsverzögerung.

---

[4] *Kornhuber* 1965.
[5] Von der üblichen Bezeichnung als „Bereitschaftspotenzial" wird hier abgewichen, da messtechnisch kein Potenzial erfasst wird, sondern ein elektrisches Spannungssignal (im Falle einer EEG-Aufzeichnung) oder ein magnetisches Feldstärkesignal (im Falle des MEG).

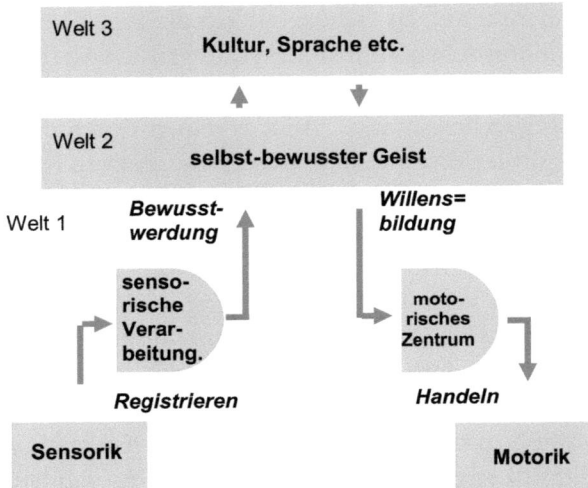

Abb. 3.3 Dualistische Modellierung des durch freien Willen initiierten Handelns in Anlehnung an Eccles und Popper. Die Initiierung erfolgt durch den in der mentalen, immateriellen Welt 2 angesiedelten selbst-bewussten Geist (SBG). Er verursacht neuronale Erregung im motorischen Zentrum des Gehirns als Bestandteil der materiellen Welt 1. Die Ausführung des Willensaktes erfolgt durch efferent an die Muskulatur laufende Erregungen, welche die entsprechenden Kontraktionen einleiten. Angedeutet ist auch die Welt 3, die von Kultur und Sprache

Das eigentlich Interessante ist nun, dass der Aufbau des Signals schon deutlich vor der motorischen Aktivität eingeleitet wird. Es kann sich um eine Sekunde handeln, nach neueren Erkenntnissen sogar um mehr als fünf Sekunden.[6] Im Abschn. 2.6.1 wird diese lange Zeitdauer

---

[6] *Soon* 2008.

mit Erregungsschleifen gedeutet, die im Rahmen des Denkens iterativ durchlaufen werden. Trotz seiner Entdeckung erweist sich Kornhuber als vehementer Verfechter freier Willensbildung. Er verzichtet auf Deutungen des Wesens von Willen und Bewusstsein, betont aber die Bedeutung des letzteren zumindest für jene Vorgänge, denen Wichtigkeit zukommt.[7] Das Zustandekommen des Willensprozesses wird dabei im frontalen Kortex angesetzt.

3.2.2 Beschränkte Freiheit im Sinne der Vetofunktion?

Als steter Verfechter freien Willens erweist sich auch Benjamin Libet[8] – trotz seiner signifikanten Entdeckung, wonach der *Zeitpunkt* der Bewusstwerdung eines Willensprozesses sehr spät zustande kommt (Abb. 3.4) – nämlich erst etwa 200 Millisekunden vor dem Auftreten der entsprechenden motorischen Ausführung und deutlich nach dem Beginn des Bereitschaftssignals.[9] Somit wird der Willensprozess also offensichtlich *unbewusst* eingeleitet – eine wesentliche Erkenntnis, die für eine Verteidigung freien Willens eigentlich keinen Spielraum lassen sollte.

Als Ergebnis gezielt angesetzter Experimente glaubt Libet aber zur Erkenntnis zu kommen, dass dem Bewusstsein in den letzten 100 Millisekunden eine *Vetofunktion* einge-

---

[7] *Kornhuber* 2007, S. 98.
[8] *Libet* 1983.
[9] Und zwar auch dann, wenn die in Abschn. 2.7.3 erwähnte Rückdatierung der Bewusstwerdung in Rechnung gestellt wird, die ja eine weitere Verschiebung bedeuten könnte. Für endogene Prozesse wird aber keine Rückdatierung angenommen.

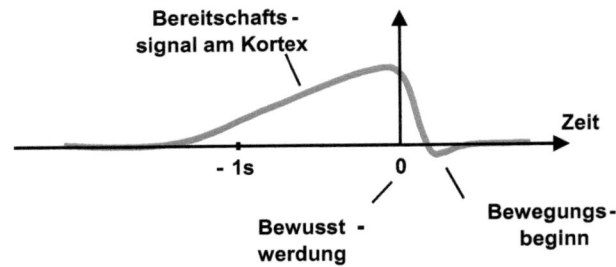

Abb. 3.4 Schematische Darstellung des Bereitschaftssignals, wie es einer willentlich eingeleiteten Bewegung entspricht. Seine zeitliche Entwicklung lässt sich in ausgedehnten Zonen des Kortex messtechnisch erfassen. Der Zeitpunkt Null entspricht der Bewusstwerdung. Etwas später erfolgt der lokal – z. B. im Bereich eines gebeugten Fingers – über EMG-Messung registrierbare Beginn der Bewegung. Schon zumindest eine Sekunde davor beginnt die zunächst langsam verlaufende Entwicklung des Signals. Nicht früher als eine Zehntel Sekunde vor der Bewegung erreicht es sein Maximum, wobei ihm nun im motorischen Zentrum das schwache, eigentliche motorische Erregungssignal (hier nicht sichtbar) überlagert ist

räumt ist. Sie besteht danach in der Möglichkeit, den Drang zur Handlung im letzten Moment zu unterdrücken. Als Schlussfolgerung bezeichnet er die Existenz freien Willens als eine gegenüber dem Determinismus „bessere wissenschaftliche Option" und betrachtet sie als „vorzugsweise Arbeitshypothese".[10]

Mit der Formulierung der Vetofunktion billigt Libet dem Menschen (eingeschränkte) Freiheit des Willens nur für kurze Momente zu – für die, die einer Handlung unmittelbar vorausgehen. Bemerkenswert ist, dass der

---

[10] *Libet* 2007, S. 198.

Schriftsteller Alfred Andersch weitgehend Identes schon viel früher formuliert. In seinem 1952 erstmals erschienenen Text „Die Kirschen der Freiheit" lesen wir:

> Zwischen Angst und Mut treten die beiden anderen natürlichen Eigenschaften des Menschen, Vernunft und Leidenschaft. Sie führen die Entscheidung, die er zwischen Mut und Angst zu treffen hat, herbei. In einem winzigen Bruchteil einer Sekunde, welcher der Sekunde der Entscheidung vorausgeht, verwirklicht sich die Möglichkeit der absoluten Freiheit, die der Mensch besitzt. Nicht im Moment der Tat selbst ist der Mensch frei, denn indem er sie vollzieht, stellt er die alte Spannung wieder her, in deren Strom seine Natur kreist. Aufgehoben wird sie nur in dem einen flüchtigen Atemhauch zwischen Denken und Vollzug: Frei sind wir nur in Augenblicken. In Augenblicken, die kostbar sind.[11]

Die Vision, zumindest kurzfristig über Freiheit zu verfügen, mag tröstlich sein. Wissenschaftlich gesehen ist sie nicht untermauert, und einer Lösung der grundsätzlichen Problematik würde sie uns nicht näher bringen. Im weiteren Text wird die Möglichkeit des Vetos also nicht berücksichtigt.

---

[11] *Andersch* 2006, S. 63.

3.3 Naturgesetze contra Willensfreiheit

Frei vom Bewusstsein ausgelöstes Handeln impliziert die Einbringung von Energie in das materielle Nervensystem. Dualisten argumentieren mit der Übertragung kleinster Energiequanten in molekulare Mikrobereiche, die durch Unschärfe gekennzeichnet sind. Doch schon die Öffnung einer einzigen Membranpore repräsentiert physikalisch gesehen einen Makroprozess.

3.3.1 Das Dilemma fehlender Kompatibilität

Dualistische Thesen, wonach freier Wille immateriell durch das Bewusstsein initiiert wird, sind mit den Gesetzen der Physik nicht verträglich. Die willkürliche Beeinflussung einer motorischen Aktion setzt einen Eingriff in die entsprechenden Erregungsprozesse voraus. Allerdings bieten sich spekulativ gesehen für die Auslösung einer vom Bewusstsein gesteuerten Handlung – im Sinne von Muskelkontraktionen – viele potenzielle Eingriffsorte an. Grundsätzlich könnte man argumentieren, dass der Geist den Muskel auf unmittelbare Weise verkürzt. Tatsächlich orientieren sich entsprechende Hypothesen aber daran, dass eine Beeinflussbarkeit umso wahrscheinlicher wird, je kleiner die modifizierten Strukturen ausfallen. Erwogen werden Effekte auf Moleküle, Atome, herab bis auf subatomare Strukturen, wie Elektronen oder Quarks.

Etwas konkreter betrachtet könnte das Bewusstsein an sogenannten funktionellen Molekülen angreifen. Als potenzielle Schalthebel bieten sich Ausrichtungen der in Abb. 1.6

skizzierten Myosine der Muskelfasern an – doch dann würde der Kontraktion kein Biosignal entsprechender Hirnregionen vorausgehen. Also ist die Einwirkung im Gehirn anzusiedeln, auf neuronaler Ebene. Kommen hier über spezifische Mechanismen Erregungen zustande, so ist die weitere Auswirkung problemlos: Sie laufen zum Rückenmark, werden umgeschaltet und bewirken letztlich die Beugung eines Fingers, als ein oft diskutiertes Beispiel.

Bezüglich der *Auslösung* einer neuronalen Erregung kommen einerseits synaptische Regionen infrage, andererseits Gebiete des Axonhügels. Submikroskopisch gesehen bieten sich nach Abb. 3.5 vor allem Beeinflussungen der folgenden Mechanismen an:

(A) Öffnung von Ca-Poren der präsynaptischen Membran, und somit Ingangsetzung von Vesikelaktivierung.
(B) Ausschüttung von Vesikeln durch die Membran als unmittelbarer Effekt und somit vermehrte Transmitterfreisetzung.
(C) Öffnung von Na-Poren der postsynaptischen Membran und damit Auslösung von Diffusions- und Ausgleichsstrom.
(D) Öffnen von Na-Poren der Membran des Axonhügels und damit unmittelbare Begünstigung des Feuerns der Zelle.

Die Option (D) repräsentiert die unmittelbarste Schaltstelle, weshalb sie – stellvertretend auch für die anderen – näher diskutiert sei (Abb. 3.5, Insert). Entsprechend Abschn. 1.3.2 erfolgt die Erregung des *Axonhügels* im Regelfall durch die Einwirkung des synaptischen Ausgleichsstro-

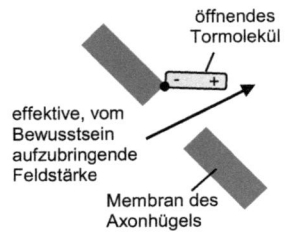
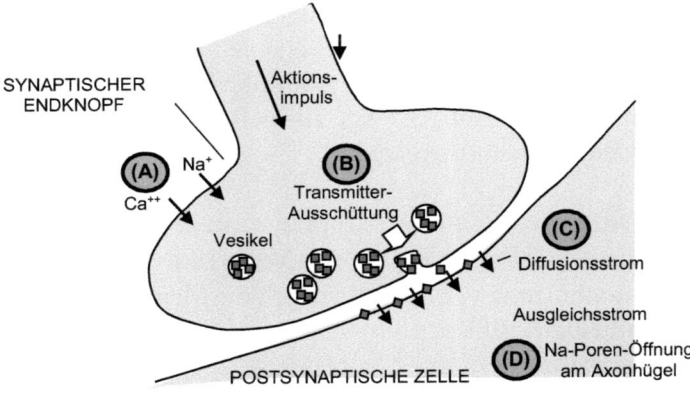

Abb. 3.5 Hypothetisch denkbare Eingriffsorte des Bewusstseins im Sinne eines freien Willensprozesses: (*A*) präsynaptische Ca-Poren, (*B*) präsynaptische Vesikelausschüttung, (*C*) postsynaptische Na-Poren, (*D*) Na-Porenöffnung am Axonhügel. Oberes Insert: Denkbare Öffnung einer Membranpore durch „Verdrehen" eines Tormoleküls auf – durch den Willen induzierte? – elektrische Weise, bzw. als Alternative auf mechanische Art

mes auf polare Tormoleküle von Na-Poren. Meist wird eine solche im Zustand fehlender Erregung geschlossen gehalten, indem die aus der Membranruhespannung resultierende elektrische Feldstärke das polare Moment so ausrichtet, dass Natriumionen nicht passieren können (Abb. 1.3c, oben). Der Ausgleichsstrom reduziert dieses Feld, das Molekül geht in seine eigentliche Ruhestellung über und gibt den Weg für Ionen frei (Abb. 1.3c, unten). Für den Willen ergäbe sich hier ein optimaler Angriffspunkt. Für die Verdrehung eines Klappenmoleküls ergeben sich die Optionen elektrischer oder mechanischer Wechselwirkung.[12] Die benötigten Minimalwerte der aufzubringenden Feldstärke bzw. des Drehmoments lassen sich einfach berechnen. Das Integral über das Drehmoment – erstreckt über den Winkel der Klappenverdrehung – ergibt jene Arbeit, die für eine Porenöffnung erforderlich ist.

Der entsprechende Energiewert ist der Pore zuzuführen, und in ihm liegt das *Dilemma dualistischer Theorien*: Das nichtmaterielle Bewusstsein hat ihn in das materielle System einzubringen, woraus die Energiebilanz desselben verfälscht wird. Die als auch für lebende Systeme voll gültig erkannten Gesetze der Physik postulieren den *Energieerhalt* des in sich abgeschlossenen Systems. Tatsächlich zeigt die wissenschaftliche Beobachtung der Natur auf, dass ein Funktionieren gegeben ist, das sich durch ein Regelwerk beschreiben lässt, das uneingeschränkte Gültigkeit hat. Alle Erfahrung zeigt, dass das „Walten der Natur" frei von Fehlern ist – frei von Entgleisungen. Wunder treten ebenso wenig auf wie Katastrophen, deren Deutung unmöglich scheint, indem kausale Deutungsmöglichkeiten nicht gegeben sind. Es resultieren Verlässlichkeit und Berechenbarkeit als stabi-

---

[12] Prinzipiell ließe sich ein mechanisches Drehmoment freilich auch durch ein Gravitationsfeld bewerkstelligen, oder auch durch diamagnetische Polarisierung des lang gestreckten Moleküls und Ausrichtung durch ein sehr starkes Magnetfeld (vgl. *Pfützner* 2012, S. 262).

lisierende Faktoren. Die Öffnung einer Membranpore käme einer Störung gleich. Kompatibilität mit den Naturgesetzen wäre nicht gegeben.

Nun wurde im Abschn. 2.9.2 die These vertreten, dem *Bewusstsein* käme nicht immaterielles Wesen zu, sondern *ein physischer Faktor*, welcher jener Materie vorbehalten ist, die Belebung zeigt und *biophysikalischen* Regeln unterliegt. Bezüglich des mit freiem Willen verknüpften Rückwirkens auf eine nach *physikalischen* Gesetzen funktionierende Membranpore ergibt sich damit keine Änderung – das Rückwirken bedeutet einen verletzenden Eingriff im Sinne von fehlender Kompatibilität.

An dieser Stelle scheint es angebracht, eine *Präzisierung der Kompatibilität* vorzunehmen. Eine Einwirkung des physischen Faktors Bewusstsein in das physikalische System des Gehirns wäre *a priori* durchaus denkbar. Die Gesetze der Physik bedürften bei Anwesenheit belebter Materie gewisser Revisionen, was die Naturwissenschaften noch spannender machen würde. Als Beispiel könnte ein denkendes Gehirn im Nahbereich des Schädels die Kraftwirkung eines Magneten verändern. Wenn wir es ganz genau nehmen, so ist es auch so – doch nicht als Auswirkung von Bewusstsein. Tatsächlich baut das Gehirn das äußerst schwache Magnetfeld auf, wie wir es als Magnetoenzephalogramm (MEG; Abschn. 1.6.3) registrieren. Je nach geometrischer Anordnung verstärkt oder reduziert das von Ausgleichsströmen biologisch generierte Magnetfeld jenes des Magneten, und somit auch seine Kraftwirkung auf magnetisierbare Objekte.

Nein, die Forschung hat nicht die geringsten Hinweise darauf geliefert, dass die bekannten Gesetze der Physik durch den Faktor Bewusstsein beeinflusst werden. So eine Beeinflussung könnte als weiteres Beispiel darin bestehen, dass Prozesse der Bewusstwerdung mit der Emission elektromagnetischer Strahlung verbunden wären – wobei zu hinterfragen wäre, ob die Strahlung Bewusstsein bedingt oder aber tatsächlich ein Produkt des Letzteren ist. Gemäß Abschn. 2.10.1 deuten sich derartige Wechselwirkungen jedoch keineswegs an – als ein Indiz für Rückwirkungsfreiheit. Nehmen wir nun Rückwirkungsfreiheit als gegeben an, so schließt dies *jegliche* Einwirkungen aus. Auch solche, die – vermeintlich – geringfügig sind, wie die auf ein Porenmolekül.

3.3.2 Kompatibilität durch Nano-Prozesse?

Schon dem Konzept des selbst-bewussten Geistes war mit dem Vorwurf der energetischen Inkompatibilität begegnet worden. John Eccles reagierte mit der Formulierung seiner sogenannten Mikrolokalisationshypothese.[13] Danach wäre „die Interaktion zwischen Geist und Gehirn einem Wahrscheinlichkeitsfeld der Quantenmechanik analog, einem Feld, das weder Masse noch Energie besitzt und dennoch im mikroskopischen Maßstab eine Wirkung hervorrufen kann". Er formuliert, dass ja nur ein kleiner Bereich der Zellmembran verrückt werde,[14] welcher der Heisenbergschen *Unschärferelation* unterliegen würde. Als beeinflusstes neuronales Medium setzt er als „Dendrone" bezeichnete Dendritenbündel von ca. 30 Pyramidenzellen an (Abb. 3.6).

---

[13] *Popper* 1982, S. 301 ff.
[14] Die Überlegungen beziehen sich nicht auf den Transport von Na-Ionen (als Mechanismus D), sondern auf den von Transmittern durch Vesikelausschüttung (als Mechanismus B), also von größeren Partikeln.

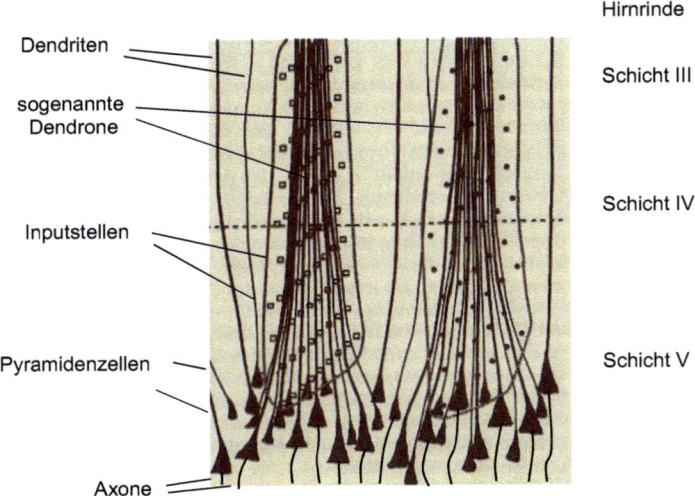

Abb. 3.6 Dendritenbündel von Pyramidenzellen als von Eccles postulierte quantenmechanische neuronale Orte der Einwirkung des nichtmateriellen Bewusstseins. Die kleinen Kreise bezeichnen die Verteilung der erregten synaptischen Gebiete (unter Verwendung von *Eccles* 1989, S. 307, wo Axone aber nicht berücksichtigt sind)

Die mögliche Relevanz der Heisenbergschen Unschärfe wurde auch von Libet in Betracht gezogen,[15] wenngleich mit starker Skepsis. Geringere äußern Kornhuber und Deecke,[16] wenn sie argumentieren, dass Determination im mikro- bzw. nanophysikalischen Bereich nicht existiert und sich Zufall bis in die Makrophysik auswirken könne, wie auf das Wetter. Zugleich aber weisen sie darauf hin, dass sich

---

[15] *Libet* 2007, S. 194 ff.
[16] *Kornhuber* 2007, S. 93 f.

die Freiheit des Willens nicht auf die Zufallsebene stützen könne.

Schließlich wird auch eine mögliche Rolle der *Chaostheorie* ins Spiel gebracht. Auch hier ist der Einwand angebracht, dass sich der Wille nicht als Resultat der Zufälligkeit oder Instabilität manifestieren kann. Im Übrigen aber ist die Ausschüttung einer Vesikel – oder die Öffnung einer Membranpore – nicht ausreichend, eine Zelle zum Feuern zu bringen. Nach in Abschn. 1.4.2 angestellten Überlegungen sind Hunderte vonnöten; und ihre annähernd gleichzeitige Aktivierung stellt einen vehementen Makroprozess dar. Man könnte einwenden, dass ein Sehprozess durch das Wirken eines einzigen Lichtquants ausgelöst werden kann, indem kaskadenartige enzymatische Verstärkungsprozesse ausgelöst werden. Doch auch dem Lichtquant kommt Energie zu – eben die entsprechende Quantenenergie, die vom Bewusstsein nicht geliefert wird.

3.4 Freier Wille als Illusion

Zweifel an der Existenz freien Willens finden sich in zunehmender Weise auch außerhalb der physikalischen Literatur. Vor allem die Entdeckung des einer Handlung vorausgehenden Bereitschaftssignals hat Wissenschaftler vieler Disziplinen – von der Hirnforschung bis hin zur Philosophie – zum Umdenken gebracht. Freier Wille wird als Illusion erkannt, als ein Phänomen, das wir als „frei" erleben (erfühlen), obwohl alles Handeln durch neuronale Verarbeitung bestimmt ist.

Nach dem vorangegangenen Abschnitt sprechen physikalische Überlegungen gegen die Existenz des freien Willens. Naturwissenschaftlich gesehen hat seine Bezweiflung lange Tradition. Heute hingegen lässt der Großteil neuerer Literatur einen insgeheimen Konsens erkennen, freien Willen als Illusion zu deuten. Doch wird dies unterschiedlich artikuliert: Die Biophysik tendiert dazu, die Thematik auszugrenzen[17] und anderen wissenschaftlichen Disziplinen zu überlassen, die Hirnforschung scheut die Formulierung konsequenter Schlussfolgerungen, und die Philosophie beschränkt sich auf infrage stellende Umschreibung.

Als Beispiel zur Letzteren sei Ludwig Wittgenstein zitiert, indem er – bei Auslassungen – das Folgende formuliert:[18]

> Das Wollen ist auch nur eine Erfahrung, der Wille auch nur Vorstellung. Er kommt, wenn er kommt, und ich kann ihn nicht herbeiführen.

> Man will sich das Denken als unmittelbares, nichtkausales Herbeiführen denken. Dieser Idee aber liegt eine irreführende Analogie zu Grunde.

> Das Wollen, wenn es nicht eine Art Wünschen sein soll, muss das Handeln selbst sein. Es darf nicht vor dem Handeln stehen bleiben.

---

[17] Dies gilt für Standardwerke, wie *Hoppe* 1982, *Breckow* 1994, *Glaser* 2001, *Mäntele* 2012 und *Schünemann* 2004. *Cotterill* (2008) und *Pfützner* (2012) schließen kurze Behandlungen ein.
[18] *Wittgenstein* 2003, S. 257 f.

Wenn ich meinen Arm hebe, so habe ich nicht gewünscht, er möge sich heben. Die willkürliche Handlung schließt diesen Wunsch aus.

Unmittelbarer Anlass für viele Forscher, die Existenz des freien Willens endgültig zu verneinen, war die Entdeckung von Kornhuber und Deecke (1965), wonach der Willensprozess erst dann bewusst wird, wenn das den Prozess einleitende Bereitschaftssignal schon längst im Gange ist (Abschn. 3.2.1). Libets Beobachtung der Möglichkeit eines „Vetos im letzten Moment" hat daran nichts geändert, vor allem, da sie ohne weitere Bestätigung geblieben ist. Rein materialistische Thesen wollen alle Funktionen des Gehirns auf neuronale Erregungen *physikalischer* Natur zurückführen. Neben sensorischen Quellen von Erregungen werden dabei auch endogene angesetzt, die sich durch innere Aktivität entwickeln – doch naturwissenschaftliche Indizien fehlen.

Eine explizite Aussage der fehlenden Existenz freien Willens kommt vom schon mehrmals zitierten Verhaltensphysiologen Gerhard Roth. Für eine entsprechende Schlussfolgerung gibt er acht *Argumente* an. Hier seien sie – unvollständig – aus authentischen Zitaten[19] zu dreien zusammengefasst:

(1.) Freier Wille resultiert nicht allein schon aus der Tatsache, dass sich der Mensch frei *fühlt*, wobei dieses Gefühl eine Illusion ist – „Menschen fühlen sich frei, wenn sie das tun können, was sie zuvor wollten; die Frage

---

[19] *Roth* 2003, S. 530 ff.

der Freiheit des Wollens wird von ihnen erlebnismäßig dabei gar nicht thematisiert. Dieses Handeln aus eigenem Wollen ist die Grundlage menschlicher Autonomie, nicht ein tatsächliches Anders-Handeln-Können."

(2.) „Indeterminismus[20] im strengen Sinn scheint es in der physikalischen Welt einschließlich des Gehirns nicht zu geben" – Geist und Bewusstsein, welcher speziellen Natur sie auch immer sein mögen, treten im Rahmen bekannter physikalisch-chemischer Gesetzmäßigkeiten auf und übersteigen diese nicht, wie traditionell angenommen wird.

(3.) „Das Gefühl, jetzt etwas tun zu wollen, tritt auf, nachdem im Gehirn, genauer im limbischen System und in den Basalganglien, die unbewusste Entscheidung darüber getroffen wurde, ob etwas jetzt und in einer bestimmten Weise getan werden soll."

Inwieweit das Fehlen freien Willens den Menschen zur bloßen Maschine macht, dem wird mit der Einführung des Begriffs der in (1) erwähnten *Autonomie* begegnet, im Sinne von Handeln aus eigenem Wollen. Die Alternative, statt der Handlung A eine Handlung B einzuleiten, besteht dabei nicht. Daraus wird gefolgert, dass sich der Strafvollzug nicht auf moralische Verdammung, sondern auf den Besserungsaspekt konzentrieren sollte, beziehungsweise auf den Schutz der Gesellschaft (vgl. Abschn. 4.7).

Auch Wolf Singer fordert entsprechende Überlegungen über die strafrechtliche Beurteilung von Fehlverhalten, über Zuschreibung von Schuld und Begründung von Strafe. Der

---

[20] Konträr zum Determinismus die Leugnung kausaler Zusammenhänge.

Überzeugung, frei entscheiden zu können, schreibt er mögliche illusionäre Komponenten zu:

> Das, was als freie Entscheidung erfahren wird, könnte nichts anderes als eine nachträgliche Begründung von Zustandsänderungen sein, die ohnedies erfolgt wären, deren tatsächliche Verursachungen aber in der Regel nicht in ihrer Gesamtheit erfassbar sind.[21]

Die eben zitierten Aussagen – bzw. auch zunehmend gehäufte analoge Thesen anderer Wissenschaftler – dürfen nicht als die heute allgemeine, repräsentative Lehrmeinung angesehen werden; zum Teil stoßen sie auf heftige Zurückweisung. Kornhuber und Deecke[22] postulieren Freiheit für wichtige Vorgänge bei Hinweis auf das in Abschn. 3.2.2 behandelte Veto-Prinzip. Was aber wissenschaftlich betrachtet bedeutungsvoller ist, sie argumentieren, dass im Gehirn Entscheidungen fallen, indem Informationen von Stufe zu Stufe zu verschiedenen höheren Verarbeitungsstationen geleitet werden, um im Frontalhirn zu konvergieren und zusammen mit Meldungen von anderen Sinnen dem Bedürfnissystem der Willensbildung zu dienen. Diese sehr konstruktive Vorstellung entspricht in weitem Maße dem Grundkonzept eines biophysikalischen Modells des Autors, das im nächsten Abschnitt zur Diskussion gestellt werden soll – allerdings mit wesentlichen Unterschieden bezüglich physikalischer Kompatibilität.

---

[21] *Singer* 2002, S. 75 f.
[22] *Kornhuber* 2007, S. 98 ff.

3.5 Iterationsmodell höherer Hirnleistungen

In zunehmendem Ausmaß beschreibt die Hirnforschung das topografische Zusammenspiel der zahllosen Areale für höhere Leistungen des Gehirns. Demgegenüber wird hier ein mechanistisches Modell zu höheren Hirnleistungen zur Diskussion gestellt. Das Zusammenspiel weniger, funktioneller Module erlaubt die Deutung höherer Hirnleistungen bei Kompatibilität zu Erkenntnissen der Bewusstseinsforschung und Physiologie, aber auch zu den Gesetzen der Physik. Denken wird als dynamischer iterativer Prozess I höherer Verarbeitung modelliert, Wollen als auf motorisches Handeln ausgerichtetes Denken, das uns vom rückwirkungsfreien Bewusstsein als willentlich vermittelt wird. Als schnelle Iteration II wird die Rückwirkung des Handelns auf die sensorische Registrierung seiner Auswirkung auf die Umwelt modelliert. Als lebenslanger, langsamer iterativer Prozess III erfolgt letztlich durch Umweltfaktoren eine langfristige Prägung und Modulation des Gesamtsystems.

3.5.1 Die Organisation des Modells

Abbildung 3.7 zeigt die Organisation des Modells in schematischer, auf das Wesentlichste reduzierter Weise. Die hier skizzierten Module des Gehirns entsprechen nicht den in der Physiologie definierten Bezeichnungen von Teilen oder Feldern (Arealen). Vielmehr verstehen sie sich als funktionelle Einheiten, die topografisch gesehen übergreifend und sogar überdeckend zu denken sind. So wie auch die eingetragenen Verbindungen von Zentren nicht topografisch gemeint sind, sondern rein funktionell. In Skizzen neuronaler Netze – etwa des Abschn. 2.1.1 – stehen Symbole der Neuronen für weitgehend parallel geschaltete *Bündel* von Neuronen. Analog dazu steht hier das halbrund skizzierte Symbol eines Moduls für eine Unzahl von miteinander vernetzten Untereinheiten von Engrammen zur spezifischen Verarbeitung oder Speicherung neuronaler Information. An seiner Inputseite kann ein Modul Informationen mehrerer Quellen aufnehmen und an der Outputseite an mehrere Ziele ausgeben.

So wie in Abschn. 2.3.3 für das Konzept eines Engramms erweiterten Sinns beschrieben, besteht ein sehr viele Engramme enthaltendes *Modul* aus synaptisch verschalteten Neuronen, wobei das Grundmuster der Verschaltungen als weitgehend ererbt angesehen wird. Das neuronale Netz repräsentiert quasi die Hardware. Anders als bei einem Computer aber ist das Netz adaptierbar, indem es den Anforderungen des praktischen Einsatzes angepasst wird. Das heißt, dass im Zuge der Entwicklungen und Erfahrungen des Menschen neue Verbindungen aufkommen oder alte – überholte oder nicht benötigte – verkommen. Das, was in der Technik die Software ausmacht, ist hier einerseits durch die Struktur der Verbindungen gegeben. Vor allem aber resultiert es aus der adaptierbaren Leistungsfähigkeit der Billiarden beteiligten Synapsen, d. h. aus der Gewichtung der einzelnen Verknüpfungen.

In Entsprechung zum globaleren Bild von Abb. 1.1 gliedert sich der *Gesamtaufbau* des Modells in drei Bereiche, einem sensorischen, einem zentralen und einem motorischen. Als primäre Inputs des Systems sind die Sensoren des Kör-

Abb. 3.7 Iteratives Modell zur Deutung höherer Hirnleistungen. Wir registrieren den Zustand der Umwelt [U] durch die über den Organismus verteilte Sensorik [S]. Die sensorische Verarbeitung [SV] der Hirnrinde liefert Informationen an das Arbeits- und Langzeitgedächtnis der Gedächtnisspeicher [GS]. Die höhere Verarbeitung [HV] und die motorische Verarbeitung [MV] können die Signale in rasche Reaktionen umsetzen. Motorische Speicher [MS] liefern dazu vorgefertigte Erregungsmuster an die Motorik [M]. Inhalte von [HV] können über iterative Verarbeitung [IV] zyklisch modifiziert werden, im Sinne von zeitlich ausgedehnten Denkvorgängen. Auf motorisches Handeln ausgerichtetes Denken entspricht dem, was wir als Wille bezeichnen. Aus intensiven, ausreichend langen, „vehementen" Denkvorgängen resultiert Bewusstwerdung. Entsprechend eingeleitete Handlungen werden „als willentlich ausgelöst" wahrgenommen. Das Bewusstsein [B] bleibt ohne jegliche Rückwirkung, im Sinne physikalischer Kompatibilität. Iterative Prozesse ergeben sich auf drei Ebenen: (I) Mit Zykluszeiten von Millisekunden vollziehen sich höhere Verarbeitungen im Sinne des Denkens. (II) In Sekundenschnelle fließen durch das Zusammenspiel von Motorik und Sensorik Rückwirkungen der Umwelt ein. (III) Lebenslang vollziehen sich Adaptionen des Gesamtsystems durch Wechselwirkungen mit der Umwelt, im Sinne von Prägungen und Modulationen von Persönlichkeit und Charakter

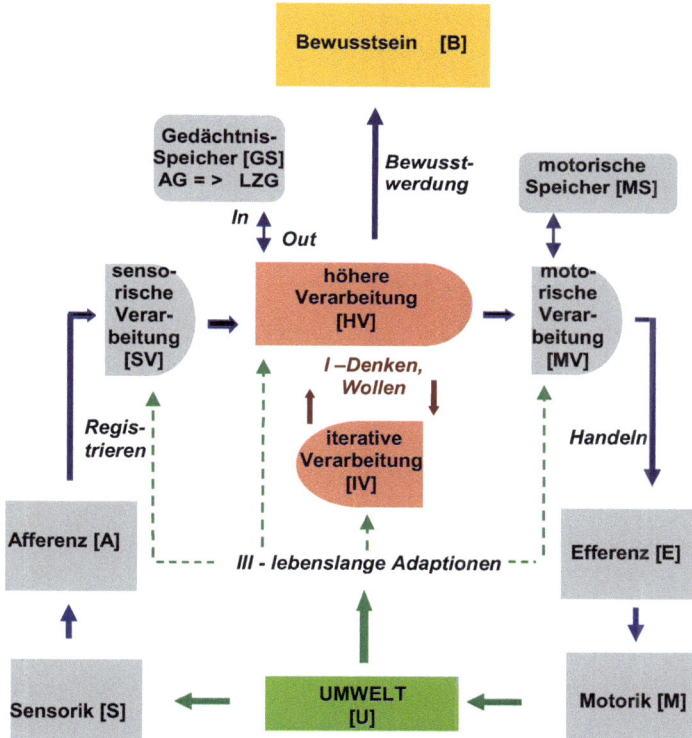

pers angesetzt, d. h. alle neuronale Erregung geht ursprünglich von ihnen aus. Sie wird dem sensorischen Verarbeitungszentrum zugeführt, seien es Signale des Hörsinns oder auch solche von peripheren Sensoren, wie den thermischen Sensoren eines Fingers.

3.5.2 Modellierung von Denken und Gedächtnis

Der *Zentralteil* beinhaltet die höhere Verarbeitung [HV]. Hier können sehr viele Synapsen durchlaufen werden und auch mehrere Teile des Gehirns – etwa vom Limbischen Zentrum bis zur Hirnrinde. Trotzdem ergeben sich aufgrund des raschen Fortlaufs von Aktionsimpulsen nur kurze Durchlaufzeiten, die weit unter einer Sekunde liegen. Länger dauernde Prozesse des Denkens sind damit modelliert, dass [HV] über das Modul iterativer Verarbeitung [IV] vielfach durchlaufen wird. Die Durchlaufzeiten summieren sich dabei – eine Zykluszeit von beispielsweise 50 ms führt bei 20 Durchläufen zu einer Sekunde. Noch größere Zeiten resultieren, wenn an den Schleifen auch subkortikale Bereiche des Gehirns Anteil haben, wie basale Ganglien und der Thalamus. Schrittweise kann die Information durch iterative Veränderungen aufbereitet und optimiert werden, indem sie bei jedem Durchlauf durch andere Module beeinflusst wird. Das können neue sensorische Signale sein, die von [SV] nachströmen. Vor allem aber können es Inhalte der Speicher sein.

Den Speichern kommt bei iterativen Adaptionen eine vielseitige Rolle zu. *Gedächtnisspeicher* zerfallen in zahllose regional verteilte Untereinheiten. Nach Abschn. 2.4.3

erfolgt die kurzzeitige Abspeicherung von Informationen im Arbeitsgedächtnis (AG), die langzeitige im Langzeitgedächtnis (LZG). Analog zu technischen Speichern sind hier zwei verschiedene Betriebszustände zu unterscheiden:

(a) Jene des „Schreibens" über „IN", d. h. der Errichtung eines Engramms im Sinne analoger und – zumindest beim Langzeitgedächtnis – auch digitaler Modifikationen (Neuverknüpfungen bzw. Kontaktverluste entsprechend Abb. 2.6).
(b) Jene des „Lesens" über „OUT", d. h. des Abrufes des Engramminhalts. Hier ist starres Verhalten des neuronalen Netzes gefordert, doch bestehen Anzeichen für begrenzte modifizierende Rückwirkungen auch vonseiten des Lesens.

Rechts im Bild ist ein analoges Modul als *motorischer Speicher* angegeben. Es steht für Engramme zur Ausgabe von Erregungsmuster der Motorik. Solche permanent beständige Engramme sind teils ererbt, teils erworben. Zum Beispiel werden sie aufgebaut, wenn ein Kind das Gehen lernt. In der Folge liefern sie nach Bedarf neuronale Signalmuster, wie sie für die konzertierte, zeitlich gestaffelte Kontraktion der für das Gehen verantwortlichen Muskelfasern benötigt werden.

3.5.3 Modellierung der Motorik

Der entsprechende motorische Teil des Modells wird durch die motorische Verarbeitung ausgemacht. Sie führt Eingangserregungen in Erregungsmuster über, die für koordinierte Muskelkontraktionen notwendig sind und macht dabei von in motorischen Speichern bereits Vorgefertigtem Gebrauch. Das bringt Vorteile der Beschleunigung und auch der präzisen Ausführung – etwa von handwerklichen Fertigkeiten. Beispielsweise legt ein Pianist eine intensiv eingeübte Etüde in [MS] ab, und zwar wohl Takt für Takt.

Die Eingangserregungen kommen von der höheren Verarbeitung [HV]. Für Reflexe dient [HV] dabei als kaum verzögernder – und kaum mitbestimmender – Durchgang für sensorische Signale von [SV]. Differenzierten willentlichen Handlungen geht in [HV] ein Denkvorgang unter Beteiligung von [IV] voraus, wie er sich im EEG als Bereitschaftssignal äußert. Dem Willen entspricht damit ein auf die Handlung ausgerichteter, sie vorbereitender Denkprozess.

Erregungsmuster, die an die *Motorik* [M] laufen, führen zur entsprechenden Bewegung, wenn [M] intakt ist und nicht überfordert ist. Das Resultat kann das Heben einer Hand sein, ebenso gut aber auch die phonetische Formung eines selten gesprochenen Wortes. Der Wille zur Aussprache des wenig geläufigen Wortes kann uns durch die vom Bereitschaftssignal ausgedrückte vehemente Erregung bewusst werden.

3.5.4 Modellierung der Bewusstwerdung

Dem Zentralteil des Modells ist auch das Bewusstsein zugeordnet. Wie schon ausgeführt, geht dieser Text von der Annahme aus, dass nur solche Erregungsinhalte der höheren Verarbeitung bewusst gemacht werden, die einen hohen Grad an Vehemenz aufweisen. Das heißt, dass viele „bewusstseinsbefähigende" Neuronen beteiligt sind, wobei neben hoher Rate und Anzahl der neuronalen Impulse auch hohe Erregungsdauer gegeben ist – nach den Überlegungen des Abschn. 2.7.3 eine Dauer von mehreren hundert Millisekunden. Voraussetzung dafür ist der wiederholte Durchlauf einer Erregungsschleife, indem der Ausgang der höheren Verarbeitung über das Modul iterativer Verarbeitung an ihren Eingang rückgeführt wird. Iterativ bedeutet dabei, dass sich die entsprechenden Erregungsmuster bei jedem Durchlauf verändern können, indem es zu Wechselwirkungen von peripheren Erregungsabläufen kommt.

In Entsprechung zur Literatur sieht das Modell vor, dass Bewusstwerdung erst bei Erreichen einer beträchtlichen Zeitdauer der vehementen Erregung der Schleife [HV/IV] aufkommt. Das Modul [B] macht uns den Erregungsinhalt mit gewisser Verzögerung bewusst. Eine Rückwirkung auf die neuronale Schleife ist im Modell voraussetzungsgemäß nicht vorgesehen.

Mit den eben beschriebenen Eigenschaften berücksichtigt das Modell die folgenden, in den vorangegangenen Abschnitten näher diskutierten *Prämissen*:

(1.) Die als gültig erkannten Regeln der Physik gelten in uneingeschränkter Form.
(2.) Der Faktor Bewusstsein wird als physische Größe akzeptiert.
(3.) Bewusstwerdung tritt mit Auftreten vehementer Erregungen des Großhirns auf.
(4.) Das Bewusstsein ist rückwirkungsfrei.
(5.) Primäre Quellen neuronaler Erregung beschränken sich auf sensorische; *endogenes* – also vom Inneren heraus

induziertes – Zustandekommen von Erregungen wird nicht ins Spiel gebracht.
(6.) Handlungen gehen – als Bereitschaftssignale registrierbare – Erregungen voraus, deren Dauer mehrere Sekunden betragen kann.
(7.) Die Bewusstwerdung einer Handlung geschieht *nach* Beginn des Bereitschaftssignals.

Das Modell sieht drei Ebenen iterativer Vorgänge vor:

I. Die *dynamische Iteration* entspricht der oben schon behandelten Schleife [HV/IV] des Denkens, wobei die Laufzeiten Bruchteile von Sekunden ausmachen.
II. Die *schnelle Iteration* betrifft die Ausführung von Handlungen in ihrer Abhängigkeit von der Umwelt. Die Motorik bewirkt Modifikationen der Umwelt, die über die Sensorik in den Pfad [SV-HV-MV-M] zurückwirkt (s. Beispiel in Abschn. 3.6.1).
III. Eine *langsame Iteration* betrifft die lebenslange Adaption des Nervensystems durch die Umwelt. Einflussfaktoren wie Klima oder Ernährung, aber auch die soziale Kommunikation in einem unter Umständen wechselnden Kulturkreis führen zu Modifikationen des Gehirns. Es resultieren langfristig verändertes Denken und Handeln im Sinne einer Iteration.

Wie die in den nachfolgenden Abschnitten diskutierten Anwendungen des Modells aufzeigen werden, erlaubt es weitgehend universelle Deutungen höherer Leistungen des Gehirns. Dies schließt auch Zustandsänderungen ein, wie sie bei Schlaf und Traum auftreten (Abschn. 3.7.2). Und im

Besonderen gelingt auch eine Modellierung dessen, was wir als „freien Willen" empfinden, was tatsächlich aber einen auf Handeln ausgerichteten optimierenden Denkprozess darstellt (Unterkap. 4.5 und 4.6).

3.6 Beispiele zu Funktionen des Iterationsmodells

Rasches reflexartiges Reagieren auf sensorisch aufgenommene Reize beschreibt das Modell über den von der Sensorik zur Motorik gerichteten „straight-forward"-Pfad. Differenzierteres Reagieren involviert iterative Verarbeitung I im Sinne kurzer Denkprozesse bei möglicher Bewusstwerdung. Rasche, über die Umwelt verlaufende Iterationen II liegen z. B. dann vor, wenn wir uns motorische Fähigkeiten aneignen, die wir in entsprechenden Speichern ablegen. Langzeitige Iterationen III ergeben Adaptionen verschiedener Module im Sinne der individuellen Reifung von Charaktereigenschaften. Die Ausbildung des Ichs wird als ein lebenslanger Optimierungsprozess gedeutet, als individuelle, nicht genetische, sondern neuronale Evolution.

In diesem Unterkapitel seien verschiedenartige Anwendungsmöglichkeiten der Modellierung nach Abb. 3.7 anhand von Fallbeispielen illustriert. Einerseits handelt es sich um die Beschreibung von Vorgängen, wie sie – nach Resultaten der Forschung – tatsächlich, in abgesicherter Weise passieren. Andererseits werden Vorgänge angesprochen, wie sie nach dem Modell als wahrscheinlich hervorgehen.

Ausgegangen wird von der Diskussion dynamisch verlaufender Vorgänge. Danach folgen zunehmend differenziert verlaufende Prozesse, und letztlich sehr langzeitliche Vorgänge selbst lebenslanger Adaption.

3.6.1 Reflexe und Reaktionen

Bezüglich dynamischer Vorgänge wollen wir von der *Verarbeitung aktueller sensorischer Inputs* ausgehen. Bedeutet die von Sensoren an die sensorische Verarbeitung der Hirnrinde laufende Information eine mögliche Bedrohung – etwa im Sinne der Verbrennung eines Fingers an einer nur vermeintlich abgedrehten Herdplatte – so werden die Signale unmittelbar (straight forward) weiter gelenkt. Auf kurzem und raschem Wege durchlaufen sie das Modul höherer Verarbeitung, hin zu jenem der motorischen Verarbeitung. Hier direkt enthaltene oder von motorischen Speichermodulen entlehnte Bewegungsmuster werden augenblicklich aktiviert, und es werden entsprechende *Reflexbewegungen* eingeleitet. Der Finger wird von der heißen Platte abgezogen; bzw. werden auch sekundäre Reaktionen eingeleitet, die das Ausmaß der Verbrennung verringern können. Die Gedächtnisspeicher arbeiten bei all dem als Zwischenablage von Informationen im Sinne des Arbeitsgedächtnisses. Ein bedenklicher Verbrennungsvorgang aber wird sich auch in das Langzeitgedächtnis der Speicher einschreiben und somit erinnerbar bleiben, vielleicht für immer.

Das *Reagieren auf komplexere sensorische Inputs* wird differenzierter ausfallen. Ein in der Straßenmitte plötzlich erkennbarer Stein wird umfahren, indem die höhere Verarbeitung auf die Unterstützung der Gedächtnisspeicher zurückgreift und frühere Erfahrungen mit ähnlichen Reaktionen in die Verarbeitung einschließt. Ist entsprechende Zeit gegeben, so kommt unter Umständen auch das Modul iterativer Verarbeitung ins Spiel. Das heißt, das Gehirn involviert einen kurzen *Denkprozess* (Abschn. 2.6.1). Er ist so zu verstehen, dass das Resultat höherer Verarbeitung durch mehrmaliges Durchlaufen der Schleife [HV-IV-HV-...] kontrolliert und verfeinert wird, um den Ausweichvorgang zu optimieren. Die Motorik der lenkenden Hände wird die Bewegung des Autos als Umwelt beeinflussen, was von der Sensorik neuerlich aufgenommen wird.[23] In iterativer – d. h. schrittweise optimierter – Weise wird die nun in sich geschlossene globale Verarbeitungsschleife

[S-SV-HV-MV-M-U-S-SV-...]

wiederholt durchlaufen, bis das Hindernis erfolgreich umschifft ist. Letztlich werden nur einzelne Fragmente des Manövers in das Bewusstsein „aufgestiegen" sein. Teils in Echtzeit, d. h. von den Verarbeitungszentren [SV] oder [HV] herkommend, teils im Nachhinein, von Gedächtnisspeichern herrührend.

3.6.2 Schnelle Iterationen

Die *schnelle Iteration II* betrifft die Ausführung von Handlungen in ihrer engeren Abhängigkeit von der Umwelt. Die

---

[23] In teilweiser Analogie beschreibt *Cotterill* (2008, S. 327) Muskelbewegungen als die einzigen nach außen gerichteten Handlungen, als an die Umgebung gestellte Fragen, als einziges Mittel, Erkenntnisse zu gewinnen. Anders als hier wird allerdings ein Mitwirken des Bewusstseins ins Spiel gebracht.

Motorik bewirkt Umweltmodifikationen, die über die Sensorik zurückwirken. Als Beispiel repräsentiert das Auspressen einer Zitrone mittels der rechten Hand eine iterative Optimierung des Funktionsweges Motorik – mechanisch verformte Frucht, als Umwelt [U] – Sensorik – Motorik. Von der Verformbarkeit – d. h. der Reife – der Zitrone wird der biomechanisch optimierte Handlungsablauf abhängen, so, dass einerseits unsere Muskulatur nicht überfordert wird, andererseits aber die Auspressdauer in Grenzen bleibt.

Als zweites Beispiel zur schnellen Iteration wollen wir annehmen, dass wir uns um die Aussprache eines komplizierten Fremdworts bemühen. Der in der Luft als Umwelt produzierte Schall wird von den Ohren als Teil der Sensorik aufgenommen. Über die sensorische Verarbeitung läuft die Information in die höhere Verarbeitung ein. Zeigen wir am Zustandekommen des gesprochenen Wortes Interesse, so löst dies einen Denkvorgang über die akustische Qualität aus. Die entsprechende, vehemente iterative Erregung von [HV/IV] wirkt optimierend auf die Sprachmotorik ein, die [MV], [MS] und [M] umfasst. Richtige Beherrschung der Aussprache bedeutet letztlich, dass die entsprechenden motorischen Erregungsmuster in motorischen Speichern abgelegt sind, um bei Bedarf abrufbar zu sein.

3.6.3 Träge Adaptionen

Letztlich wollen wir die sehr langzeitige *Iteration III* anhand von Beispielen illustrieren. Damit ist die schon erwähnte langzeitige Adaption der einzelnen Module gemeint, die unter anderem der globalen Reifung und Konsolidierung unseres Gehirns entspricht. Über in Abb. 3.7 punktiert skizzierte Inputs erfolgt lebenslang in iterativer Weise die *Adaption* der in den Modulen enthaltenen neuronalen Netze. Sie wird von Resultaten höherer neuronaler Verarbeitung gespeist, die ihrerseits iterativ verläuft. Die kontinuierliche Modifikation der modularen Verschaltungen entspricht damit einem gerafften Evolutionsprozess, der sich im Laufe jedes menschlichen Lebens vollzieht. Wie zur Entstehung von Engrammen in Abschn. 2.3.2 (Abb. 2.6) näher beschrieben, sind zwei Formen der Modifikation gegeben:

(1.) Der Aufbau bzw. Abbau von synaptischen Verbindungen entsprechend einer digitalen Einschreibung von Information (in der Technik 0 bzw. 1).
(2.) Die Veränderung der Leistungsfähigkeit einer synaptischen Verbindung im Sinne analoger Einschreibung.

Das Gehirn macht von beiden Gebrauch – beim Neugeborenen wohl vor allem von der digitalen Form, die in rascher Weise gewisse Grundordnungen aufbringt. Beim Erwachsenen mögen analoge Modifikationen bedeutungsvoller sein, die allmähliche Veränderungen erbringen, z. B. von kognitiven Fähigkeiten, oder von Veränderungen des Charakters und Verhaltens.

Als einfaches Beispiel können schlechte Erfahrungen eines allzu stark dynamisch – im Sinne von „unbeherrscht" – arbeitenden Gehirns in eine allgemeine Dämpfung münden. Eine verstärkte Ausbildung von synaptischen Verbindungen hemmender Art könnte bewirken, dass Denkvorgänge über [HV/IV] zeitlich gedehnt werden, zögerlicher aktiviert werden und die Motorik somit in letztlich besser kontrollierter Weise betrieben wird. Als Resultat äußern sich diese komplexen inneren Adaptionen darin, dass wir uns brisante Handlungen und Wortmeldungen besser überlegen und generell bedächtiger reagieren.

Ein teils ungeklärtes Problem des Konzepts liegt in der Frage, nach welchen Regeln die evolutionäre *Adaption der Module* erfolgt. Sie ist so zu verstehen, dass es im Sinne eines lebenslangen, globalen Lern- bzw. Trainingsprozesses zu einer kontinuierlichen Optimierung der neuronalen Verschaltungen kommt. Beim niedrig entwickelten Tier ist das evolutionäre Ziel – das sogenannte Target – durch Verbesserung von Faktoren wie Bewegung oder Verteidigung gegeben und genetisch verankert. Die entsprechende Leistungsfähigkeit des Systems lässt sich objektiv bewerten, z. B. aus einer erfolgreich gesteigerten Geschwindigkeit des Laufens. In Analogie zu künstlichen neuronalen Netzen[24] könnte die Adaption so erfolgen, dass die in der oben angegebenen globalen Verarbeitungsschleife enthaltenen Netze schrittweise so modifiziert werden, dass sich die Laufgeschwindigkeit steigert.

In Engrammen abgelegt ist auch die Entwicklung von *Gefühlen*. Emotionen wie Schmerz und Angst sind nicht dem Menschen vorenthalten. Entwicklungsgeschichtlich sind sie früh entstanden. Abgelegt sind sie in dem Kortex vorgeschalteten Regionen des Gehirns.[25]

Beim Menschen aber umfasst die Entwicklung auch ideelle und *intellektuelle Faktoren*, die kultureller, künstlerischer oder wissenschaftlicher Art sein können. Entsprechende Targets der Evolution drängen sich hier nicht auf.

---

[24] *Pfützner* 1996.
[25] *Roth* 2001, S. 285 ff.

Ausrichtungen auf rein Ästhetisches oder Ideelles scheiden aus – mit brillantem Tenor Geborene singen nicht nur für sich selbst allein, und auch nicht allein für die einsame Natur. Als realistische Interpretation verbessert das Erbringen einer kulturellen Leistung die individuellen Lebensbedingungen. Der schon im Abschn. 2.9.3 für das Zustandekommen von Bewusstsein zitierte „Ruhm" führt zur intensivierten Integration in die Gemeinschaft und somit auch zu gesteigerter Stützung durch sie. Das evolutionäre Target besteht nach dieser These letztlich in verbesserten Lebensbedingungen materieller Art. Spitzenleistungen können – zumindest vorübergehend – auch eine generelle Befreiung von üblicherweise bestehenden Einengungen erbringen, als ein kaum überbietbares Target individueller Optimierung.

3.6.4 Lebenslange Evolution der Persönlichkeit

Ungeachtet solcher teils offener Fragen zur Ausrichtung der Adaption kann davon ausgegangen werden, dass es letztlich die resultierende Gesamtheit der trainierten Module ist, welche *das individuelle Ich* eines Menschen repräsentiert. Beispielsweise kommt dabei den motorischen Speichern spezielle Relevanz für körperliche bzw. manuelle Fähigkeiten zu, Gedächtnisspeichern für Wissen, den Modulen höherer und iterativer Verarbeitung – also [HV/IV] – für kognitive Fähigkeiten. Die Gesamtheit bestimmt die *Persönlichkeit*. Zeitliche Veränderungen dieser Gesamtheit – im Sinne von Adaptionen einzelner Module – erklären die sich im Laufe der Zeit ergebende Veränderung der Persönlichkeit. Betont sei, dass bei dieser Deutung des Ichs dem Bewusstsein keine aktive Rolle zukommt; sie beschränkt sich auf Prozesse der Bewusstwerdung. Freilich aber ist das Bewusstsein ein herausragender passiver *Bestandteil* des Ichs.

Langzeitadaptionen basieren auf der Annahme einer evolutionären Fortentwicklung des Gehirns. Das Verhalten der Menschen deutet auf angeborene Triebe hin, die auf eine kontinuierliche Verbesserung des Ichs ausgerichtet sind. Dies betrifft sowohl geistige als auch körperliche Eigenschaften. Schon im Kindesalter stehen vor allem Knaben im ständigen Versuch, an Kraft zu gewinnen – Mädchen an äußerer Schönheit. Auch hier besteht das Target in verbesserten Lebensbedingungen. Als Tendenz sind die Bedürfnisse mit Rivalität verknüpft, was zur Umsetzung keinesfalls nachteilig ist. In kontinuierlicher Weise eignen wir uns neue Fertigkeiten an und legen damit in den Speichern des Gehirns neue Engramme mit Informationen und motorischen Erregungsmustern ab. Im hohen Lebensalter kommt diese evolutionäre Entwicklung wohl zum Stillstand. Immerhin verbleibt aber das Bedürfnis, die schon erworbenen Kräfte und Fähigkeiten soweit wie möglich zu erhalten.

Analoge Bedürfnisse sind hinsichtlich geistiger Fähigkeiten gegeben. In rivalisierender Weise versuchen wir klüger als die anderen zu sein – bzw. zu werden. Wir beweisen uns und anderen, dass wir imstande sind, Wissen und Denkfähigkeiten anzuhäufen. Bei sehr vielen Menschen reicht diese „Lebensevolution" hin bis zum schon diskutierten Erwerb hochwertiger künstlerischer oder wissenschaftlicher Fähigkeiten, die selbst im hohen Alter Bestand haben können. Diese langzeitlichen Entwicklungen verlaufen in einer iterativen Wechselwirkung mit der Umwelt, den Mitmenschen und der Gesellschaft. Dabei formt, konsolidiert und verändert sich die Persönlichkeit im Sinne lebenslanger Adaptionsprozesse. Auch sie sind in das Modell eingearbeitet.

3.6.5 Aspekte der Willensbildung

Was man als Modul des Modells zunächst vermissen mag, das ist ein *Zentrum des Willens*. Doch dafür besteht kein Bedarf. Wir empfinden eine Handlung als willentlich ausgeführt – oder sogar mit *freiem* Willen zustande gekommen – wenn ihr große Bedeutung und somit auch entsprechend große, differenzierte Planung zukommt. Diese Planung besteht in einem Prozess des Denkens. Nach dem Modell ist anzunehmen, dass sich der Denkprozess in entsprechend starker neuronaler Erregung des Pfades [HV/IV] äußert. Ist sie so stark, dass der Tatbestand der Vehemenz erreicht ist, so wird Bewusstwerdung aufkommen. Offensichtlich erleben wir den Prozess gewichtiger Handlungsvorbereitung als einen Willensprozess. Doch liegt hier kein *freier* Wille vor. So wie jeder Denkprozess ist auch dieser voll bestimmt im Sinne einander bedingender kausaler Ketten.

Den obigen Umständen sei entsprochen, indem wir den Terminus eines *optimierten* Willens definieren. Er steht dafür, dass ein einer Handlungsvorbereitung zukommender, optimierender Denkprozess vorliegt, der den Tatbestand vehementer neuronaler Erregung erfüllt. In späteren Abschnitten werden wir dies näher betrachten.

3.7 Deutung von Schlaf und Traum

In Kompatibilität zu Erkenntnissen der Schlafforschung beschreibt das Modell den Schlaf mit weitgehender Hemmung sensorischer und motorischer Pfade. Bizarre Träume von REM-Phasen lassen sich mit chaotischen Entladungen der Gedächtnisspeicher in iterative höhere Verarbeitung interpretieren, bei teilweiser Bewusstwerdung.

Die vorangegangenen Beispiele demonstrieren die Anwendbarkeit des Iterationsmodells nach Abb. 3.7 zur Deutung verschiedenster höherer Leistungen unseres Nervensystems. Ebenso gut eignet sich das Modell zur Interpretation *anomalen* Funktionierens des Gehirns, wie es in sogenannten veränderten Bewusstseinszuständen gegeben ist. Im Speziellen seien in den folgenden Abschnitten Schlaf und Traum angesprochen, wo höhere Aktivitäten des Gehirns in abgeschwächter oder auch modifizierter Weise in Erscheinung treten. Das gilt für Denken, für Fühlen, und vor allem für das Wollen.

3.7.1 Das EEG als Schlüssel zum Schlafgeschehen

Einfacher Zugang zu Erregungen des Gehirns ist durch das EEG (Abschn. 1.6.1) gegeben, das wohl wertvollste Hilfsmittel der Schlafforschung. Dabei bieten EEG-Signale multi-parametrische Informationen wie die folgenden:

(a) Die lokale Intensität des Signals liefert Aussagen über jene der Erregung, wenngleich mit begrenzter Auflösung (vgl. Abschn. 1.6.1).
(b) Hohe lokale Intensität lässt auf parallel erregte Nervenfasern schließen.
(c) Geringe Intensität kann das generelle Fehlen von Erregungen bedeuten, aber auch das nichtkorrelierte Vorliegen verschiedenartiger Erregungen.
(d) Niedrige Frequenzen von Signalen stationären Charakters können der Frequenz großräumig kreisender Erregungen entsprechen.
(e) Hohe Frequenzen nichtstationärer Signale deuten auf starken Fluss neuronaler Information.

Im Zustand reger *Wachheit* ist das Gehirn von Informationen überschwemmt. Aus den verschiedensten Regionen des Körpers strömen sensorische Erregungen ein, die sich in evozierten Signalen ausdrücken. In komplexer Weise können sie im Zuge von Denkprozessen verarbeitet werden, was sich seinerseits in nichtstationären, regionalen Signalen äußert. Das Erregungsgeschehen kann motorisch wirksam werden. Dabei können Bereitschaftssignale auftreten, wenngleich mit äußerst schwacher Intensität. All diese Aktivitäten können zur Bewusstwerdung kommen, was freilich nicht messbar ist.

Der Zustand der Wachheit äußert sich im EEG-Signal durch Dynamik nahe jener Hirnregionen, die maximale Erregung zeigen. Generell drückt sich dies nicht durch hohe Intensität der Signale aus, sondern durch hohe Frequenz. Ihre typische Größenordnung beträgt dabei bis zu 50 Hertz. Symptomatisch sind starke regionale Unterschiede. Ihnen entsprechen starke Unterschiede von Bewusstseinsinhalten. Als Hypothese zeigt der wache Zustand geringe Intensität, da viele Regionen gleichzeitig, in nichtkorrelierter Weise erregt sind. Die Ausgleichsströme überlagern sich damit, was theoretisch sogar zu weißem Rauschen führen kann – womit die Intensität gegen Null entartet.

Betrachten wir nun die *Vorbereitung des Schlafes*. Wir suchen eine stille und dunkle Umgebung auf, versuchen uns zu entspannen und zu beruhigen. Und man könnte nun meinen, dass sich die EEG-Signale mit beruhigen und schwächer werden. Tatsächlich sinkt die Frequenz ab, hin zum allgemein bekannten Alpha-Rhythmus mit etwa zehn Hertz. Die Intensität des Signals aber steigt an, als nicht voll geklärtes Phänomen, wohl aber als Folge der schon erwähnten Gleichsinnigkeit. Großräumig verlaufende Erregungen stellen sich ein, die schleifenförmig verschiedene Teile des Gehirns verknüpfen, vom Zwischenhirn bis hin zum Kortex. Intensitäten des Bewusstseins schwächen sich ab.

Ausgeglichener Schlaf besteht aus Tiefschlaf, in den in Abständen von etwa 90 Minuten Perioden des REM-Schlafs geringer Tiefe eingebettet sind. Zunehmende Tiefe äußert sich in abnehmender Frequenz des weitgehend sinusförmigen EEG-Signals, von etwa acht Hertz bis unter ein Hertz. REM steht bekanntlich für rapid eye movements, d. h. es kommt zu kurzzeitigen motorischen Erregungen diverser Art, die jedoch nicht-willentlich verlaufen. Sensorisch verursachte vehemente Erregung im Sinne des Aufweckens tritt auch im Tiefschlaf auf, nicht jedoch im noch tieferen Komaschlaf.

3.7.2 Quellen schwacher Erregungen

Das Iterationsmodell nach Abb. 3.7 bietet eine kompakte Grundlage zu *physiologischen Mechanismen*, die den Schlaf charakterisieren. Spezifische Veränderungen sind in Abb. 3.8 zusammengefasst. Wollen wir zunächst die Auslösung eines Traumes hinterfragen. Als vielfach vertretene Aktivierungshypothese[26] nimmt er seinen Anfang durch vom Hirnstamm kommende Erregungen, womit sich die Fragestellung auf den Auslöser dieser Erregung aber nur verschiebt. Als einfache Erklärung bieten sich sensorisch aufgenommene Signale an. Jedoch träumt der Mensch auch im nach außen abgeschotteten Zustand. Auch sind sensorisch verarbeitende Regionen weitgehend blockiert, womit sich die Frage nach *endogenen Quellen* stellt. Das Iterationsmodell bietet als Erklärung an, dass im Schlaf fortwirkende *Resterregungen* von Bedeutung sind. In sehr effektiver Weise lassen sie sich aus dem im Abschn. 4.3.3 beschriebenen zeitlich quasi unbegrenzten Aufrechterhalten von Erregungen durch iterative Vorgänge deuten. Für den Schlaf typische Inhibitionen drosseln die Sensorik und Motorik. Angesichts der starken Divergenz und Konvergenz neuronaler Verschaltungen ist es aber naheliegend, dass auch andere Bereiche gehemmt werden. Und letztlich ist es wohl bekannt, dass durch Hemmung hemmender Strukturen Bereiche auch *enthemmt* werden können. Somit erklären sich *Tendenzen chaotischer Wirkungen*, ohne dass wir a priori endogene Quellen postulieren müssen.

---

[26] *Hobson* 1977.

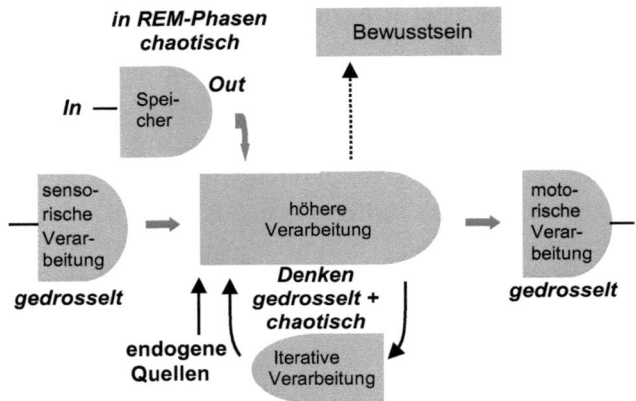

Abb. 3.8 Vom Iterationsmodell gelieferte Deutung von Schlaf und Traum. Sensorische Inputs sind durch weitgehende Blockade gedrosselt, doch ist – anders als beim Koma – Weckbarkeit gegeben. Die Motorik ist eingeschränkt, zeigt aber spezifische Aktivität im REM-Schlaf. Denken ist gedrosselt, doch kann im Tiefschlaf Konsolidierung und Vertiefung der Abspeicherung auftreten. REM-Schlaf zeigt Entgleisungen der Speicher. So kann chaotischer Speicherabruf zu fantastischen Traumbildern führen, aber auch zu genialen Einfällen. Auslösend können schwächste Quellen der Erregung sein. Auch die Abspeicherung funktioniert chaotisch, weshalb Trauminhalte nur fragmentarisch erinnert werden können. Chaotische Verhaltensweisen können sich aus gestörten inhibitorischen Kontrollen erklären

Für potenzielle *endogene Quellen* der Erregung haben wir Miniatur-EPSPs als einen hypothetischen Mechanismus schon im Abschn. 1.4.3 erwähnt. Als zweiten – für den Schlaf wohl viel wichtigeren – haben wir Inputs des vegetativen Nervensystems genannt. Evident ist, dass z. B. „nervöses" Verhalten von Magen und Darm mit belastenden Träumen in wechselseitiger Wirkung steht. Für den

Zustand des Wachseins gehen wir davon aus, dass sehr schwach aufkommendes Erregungsgeschehen alleine schon durch vehementeres im Sinne des in Abschn. 2.1.2 behandelten Kontrastes zum Erlöschen kommt. Im Zustand des Schlafes hingegen herrscht weitgehende Ruhe in unserem Gehirn. Für diese „Erregungsstille" ist es denkbar, dass selbst sehr schwach aufkommende Erregungen zum wirksamen Trigger von Engramm-Entladungen werden – analog zur Stille der Nacht, in der ansonsten unhörbare Geräusche zur Wahrnehmung führen. Dies mag ein weiterer Mechanismus zur Auslösung des Traumgeschehens sein.

In der Folge chaotischer Erregungen können ansonsten tief „schlummernde" Speicherinhalte frei gemacht werden und durch ebenfalls chaotische Denkvorgänge zu dem werden, was wir als bizarren Traum erleben. Das gilt vor allem dann, wenn lang zurück liegende Abspeicherungen des Langzeitgedächtnisses frei werden. In iterativer Weise kann somit längst – scheinbar – Vergessenes in den Gedanken des Traumes neu verarbeitet werden. Gemeinsam mit frei gemachten aktuellen Speicherinhalten ergeben sich wirre Vermengungen von Denkinhalten. Im Sinne der hier angestellten Modellierung repräsentieren sie vehemente Erregungsereignisse und werden uns somit bewusst – als bizarres Traumgeschehen, wenn nicht sogar als Albtraum, der nun seinerseits speichernde Engramme ausbilden kann. Aufgrund ihrer Frische lassen sie sich bevorzugt neu erregen, womit sich das – in veränderter Form – erneute Aufkommen eines Albtraums deuten lässt.

Die erwähnte Freimachung verborgener Gedächtnisinhalte mag an jene von Trieben des Unterbewusstseins erinnern, wie sie Sigmund Freud beschworen hat.[27] Ganz anders als hier aber hat Freud dem Traum eine psychologisch relevante Rolle zugedacht und seine Analyse als Zugang zu sonst verborgen bleibendem Wollen gesehen. Hier hingegen wird der Traum als Ausdruck physiologischer Tätigkeit des Nervensystems interpretiert, wie es auch modernen Modellen der Hirnforschung entspricht. Somit sind Inhalte des Träumens nicht von spezifischer Qualität. Vielmehr träumen wir Beliebiges und „Normales" – wenngleich in anormaler Weise. Gegenüber realem Erleben ist das Traumerleben durch Verfremdung gekennzeichnet – Verzerrung, zeitlicher Raffung, Fragmentierung oder Dehnung, farblicher Entartung, Übersteigerung, und ähnliches mehr.

Wie in Abb. 3.8 vermerkt ist der Einstrom sensorischer Signale vor allem im Tiefschlaf stark gedrosselt, entsprechend verminderter Aufweckbarkeit. Desgleichen ist die motorische Verarbeitung gedrosselt. Vor dem Schlaf vehement – und damit mit Aufkommen von Bewusstsein – geführte *Denkprozesse* können im Schlaf fortgeführt werden, wenngleich in ebenfalls gedrosselter Weise. Dies kann zu einer Konsolidierung von Problemlösungen und Lernvorgängen führen. Im Tiefschlaf können die entsprechenden Resultate in koordinierter Form in Speicher des Gedächtnisses eingeschrieben werden. Nach Erwachen sind diese Inhalte abrufbar, wobei oft Verwunderung aufkommt, wie sehr sich das Ausmaß eines Problems im Schlaf gemindert hat.

---

[27] Vgl. *Freud* 2007.

3.7.3 Modellierung des Träumens

Sehr spezifisches Verhalten ergibt sich für den *REM-Schlaf*. Sämtliche Drosselung ist reduziert. Damit ist leichtere Weckbarkeit gegeben. Die Motorik ist stärker ausgeprägt und führt zu den spezifischen REM-Aktivitäten. Vieles spricht dafür, dass die Speicher chaotisch entgleisen können. In die iterative, höhere Verarbeitung lassen sie unkoordinierte Gedächtnisinhalte einfließen. Sie können intensive Verarbeitung stimulieren, die so vehement ist, dass Bewusstwerdung im Sinne des Träumens aufkommen kann. Quasi verschollen abgespeicherte, langjährig zurück liegende Gedächtnisinhalte können frei werden, die zu den schon angesprochenen „anomalen", wirren und fantastischen Traumbildern entarten können. Ebenso gut können auch geniale Denkmuster entstehen, die in wertvollen Ideen münden. Jedoch, das chaotische Verhalten der Speicher ist nicht auf die Outputs beschränkt. Auch die Inputs entgleisen. Dies erklärt, dass die Abspeicherung von Trauminhalten nur fragmentarisch zustande kommt.

Nach *Erwachen* sind die Traumbilder nur mehr beschränkt abrufbar. Und dies gilt auch für die genialen Ideen, die nur in Ansätzen erinnerbar sind und nicht voll genutzt werden können. Erfolgreich Erinnertes können wir in Speicher des Gedächtnisses einschreiben und somit verwahren. Mechanistisch gesehen ist es unvorteilhaft, sich auf unangenehme, *negative Trauminhalte* zu konzentrieren und sie nachzuerzählen. Sie werden im Gedächtnis neu eingeschrieben und werden somit bevorzugt abrufbar, sei es im Sinne der Erinnerung oder auch des neuerlichen Träumens. Analoges gilt im Übrigen für jegliche Konzentration auf negative Gedächtnisinhalte. Sie fördert das Wiederaufkommen solcher Abspeicherungen bei Bewusstwerdung. Entsprechende Methoden der Psychoanalyse sind aus biophysikalischer Sicht zur Problemlösung ungeeignet, indem sie Probleme nicht lösen sondern verfestigen (vgl. Abschn. 2.5.2).

War es ein schöner Traum, so sollten wir danach trachten, seinen Inhalt im Gedächtnis zu bewahren. Das gelingt durch wiederholtes Erinnern, und vor allem auch durch Verbalisieren, indem wir vom Geträumten erzählen. An Inhalte schlechter Träume hingegen sollten wir keinen Gedanken verschwenden. Ansonsten wird er vom Kurzzeitgedächtnis aufgenommen. Durch nähere Konzentration leiten wir eine Umspeicherung ins Langzeitgedächtnis ein und somit eine Konsolidierung des während des Träumens bereits fragmentarisch Abgelegten. In der Folge kann der Traum wiederholt auftreten und die Qualität des Schlafes belasten. Er kann zur permanenten psychischen Belastung werden. Ganz deutlich sei hier klassischen Theorien widersprochen, die nach angestrengter Erinnerung negativer Inhalte von Träumen und Gedanken rufen, um sie einer Aufarbeitung zuzuführen.

Alles Obige drängt sich aus dem Funktionsmodell auf. Es hat hypothetischen Charakter, deckt sich aber weitgehend mit Erkenntnissen der psychologischen Forschung und wohl auch mit unseren eigenen subjektiven Erfahrungen.

3.8 Roboter mit Wissen über ihr Ich

Computer- und Informationsübertragungs-Systeme erreichen in zunehmendem Maße einen Grad der Komplexität, wie sie Gehirnen zukommt. Ausgestattet mit umfangreicher Sensorik erreichen moderne Roboter eine Funktionsstruktur, die dem hier präsentierten Iterationsmodell nahe kommt. Der Roboter erzielt damit Wissen über sein eigenes Selbst, das wir als „Ich-Wissen" bezeichnen wollen. Anorganischer Aufbau – ohne Beteiligung von bewusstseinsbefähigenden Neuronen – spricht aber dagegen, dass das Phänomen des „Ich-Bewusstseins" aufkommt.

3.8.1 Roboter in Analogie zum Menschen

In gar nicht ferner Zukunft werden wir unser Heim mit einem Haushalts-Roboter teilen. Wir werden ihm einen liebevollen Namen schenken – kurz und praktisch, so wie Andro. Des Nachts, wenn wir uns durch Schlaf regenerieren, wird Andro zu seiner eigenen Regeneration in einem Küchenteck auf einer Matte sitzen. Durch elektromagnetische Induktion versorgt sie ihn mit frischer Energie. Auch wird sein Computerhirn mit zahllosen Updates versorgt, die ihn für den folgenden Tag noch intelligenter machen. Wenn wir des Nachts ein Glas Milch aus dem Kühlschrank holen, kann es passieren, dass Andro an der undichten Schranktür beschäftigt ist – nicht um sie auf simple Art besser zu schließen, sondern um ihre Sensorik und Aktuatorik zu prüfen. Gegebenenfalls wird er Reparaturen vornehmen, auf fachmännische Art unter Online-Anweisung durch den Hersteller des

Kühlschranks. Beim Frühstück wird er uns – auf Aufforderung – einen kompakten Report zum Verlauf der Nacht liefern. Den Mehrverbrauch an Milch wird er übergehen, da er den Nachschub schon geregelt hat.

Wenn wir im Nachtgewand, zu sehr später Zeit auf einen emsig tätigen Andro treffen, werden wir uns fragen, ob er unser zerknittertes Haar registriert und was er sich dazu denkt. Ist er vom Aussehen her sehr menschlich ausgeführt, mag uns die Situation peinlich berühren. Und vielleicht fragen wir uns gar, ob sie auch dem künstlichen Gehirn derartig bewusst werden kann.

Die Frage, ob sich unser Roboter über unser unfrisiertes Haar Gedanken macht, ist im Falle intelligenter Ausführung mit Ja zu beantworten. Erfassen die Kameraaugen unseren Kopf, so wird das in das „Gehirn" einströmende optische Signalmuster Korrelation mit für unsere Person schon abgespeicherten Mustern feststellen. Wir werden identifiziert. Abweichungen vom üblichen Erscheinungsbild werden erkannt und – abhängig von der vorliegenden Programmierung des Roboters – werden iterative Verarbeitungen und Verwertungen der empfangenen Daten vorgenommen, in Analogie zu einem Denkvorgang. Im Report des folgenden Morgens mag eine Schilderung zu unserem nächtlichen Besuch der Küche enthalten sein. Der Roboter hat sich über unser Erscheinen also sehr wohl seine Gedanken gemacht. Und soweit deckt sich das Funktionieren der Maschine mit jenem des menschlichen Gehirns und entspricht dem Modell von Abb. 3.7.

In allgemeinem Konsens der Wissenschaft wird zur Überlegenheit des menschlichen Gehirns angeführt, dass Wissen um sich selbst aufkommt. Doch auch hier muss ein intelligent gefertigter Roboter nicht nachstehen. Im Spiegel registriert er sein Abbild und legt zahlreiche Charakteristika in Speichern ab. Auf dieser Basis erkennt er sich erneut und registriert sich als sein *eigenes Selbst* und Ich.

Zur Frage, womit sich der Mensch nun trotzdem vom Roboter unterscheidet, sollte die Konzeption des einen mit der des anderen verglichen werden. Aus informationstechnischer Sicht ist die *Signalverarbeitung des Nervensystems* durch Folgendes charakterisiert:[28]

- analoge Verarbeitung in den Bereichen von Dendriten und Somata,
- digitale Verarbeitung in axonischen Bereichen, bei Codierung durch die Impulsfolgefrequenz,
- stark ausgeprägte Parallelität, im Sinne von Robustheit und integrative „Verschmierung" digitaler Signale zu analogen.

Dem Obigen gegenüber funktionieren Computer im Allgemeinen rein digital und seriell. Andererseits laufen weltweit gesehen zahlreiche Projekte[29] zu verschiedenen Varianten der Nachbildung des menschlichen Gehirns – einerseits, um aus der Simulation auf Hirnfunktionen rückzuschließen, andererseits, um Strategien des physiologischen Gehirns für technische Anwendungen (unter anderem für Roboter) zu nutzen.

Erste „künstliche Gehirne" waren darauf angelegt, die physiologische Vorlage bezüglich Parallelität und Ana-

---

[28] Vgl. z. B. die Übersicht in *Pfützner* 2012, S. 207 ff.
[29] Zum Beispiel Blue Brain Project (Lausanne), v. Kirchhoff (Heidelberg) oder NeuroGrid (Stanford).

logtechnik nachzubilden. Die analoge Signalverarbeitung erbrachte dabei entscheidende Vorteile bezüglich der Rechenzeit. Unterstützt wird sie durch die Nachbildung physiologischer neuronaler Netze durch künstliche „Artificial Neural Networks" (ANNs), wie sie heute in zahlreichen praktischen Bereichen eingesetzt werden. Inzwischen sind Computersysteme generell viel rascher geworden – so schnell, dass ein rein analoges Roboterhirn unter Umständen künstlich „gebremst" werden muss, um physiologisches Reagieren nachzubilden. Andererseits ergeben sich für rein digital arbeitende Systeme Probleme äußerst großen Energiebedarfs. Leistungsumsätze von Millionen Watt stehen der beeindruckenden Tatsache gegenüber, dass sich ein physiologisches Gehirn mit Werten begnügt, wie sie einer einzigen Glühlampe zukommen.

3.8.2 Roboter mit Bewusstsein?

Mit Größenordnungen von Milliarden Neuronen und Billionen Synapsen erreichen künstliche Gehirne Kapazitäten wie wir sie in Mäusen oder Katzen finden. Dem menschlichen Gehirn vergleichbare Kapazitäten sind eine reine Frage der Zeit. Der für die Simulationen benötigte Aufwand an elektronischen Komponenten ist nahezu grenzenlos. Zur Veranschaulichung wollen wir uns den Zusammenschluss von Millionen Mobiltelefonen vor Augen führen. Damit entsteht ein Netzwerk so hoher Komplexität, dass Materialisten das Zustandekommen von Bewusstsein vermuten (wie schon mehrmals erwähnt).

Aufkommen von *Bewusstsein* im Gehirn eines Roboters würde bedeuten, dass die Grenze zur tatsächlichen

Nachbildung des menschlichen Gehirns erreicht ist. In Anlehnung an umfassende Erkenntnisse der Neurowissenschaften scheint das Phänomen des Bewusstseins verloren zu gehen, wenn schwerwiegende Verletzungen oder Erkrankungen der Großhirnrinde aufkommen. Umgekehrt hingegen verstärkt sich nach Abschn. 2.9.3 der Grad von Bewusstsein mit steigender Anzahl spezifischer Typen physiologischer Neuronen. Demgegenüber basieren künstliche Gehirne auf elektronischen, vorwiegend anorganischen Komponenten. Dem biologischen Vorbild gegenüber sind sie wesensfremd – atomar und molekular völlig unterschiedlich aufgebaut. Alleine aus dieser stofflichen *Wesensfremdheit* kann geschlossen werden, dass sich aus elektronischen Systemen kein Bewusstsein entwickeln kann.

Neue Technologien zum computergesteuerten Aufbau stofflicher Systeme zielen darauf ab, die Anordnung individueller Atome im dreidimensionalen Raum vorzugeben. Erste Ansätze beziehen sich auf die definierte, planare Anordnung bestimmter Atome auf einem ebenen Substrat, gefolgt von der schrittweisen Synthese mehrerer Schichten. Prinzipiell verspricht diese Vorgangsweise, deren Grundgedanke derzeit mit der Entwicklung von 3-D-Druckern ihren Ausgang nimmt, gezielte Synthesen beliebiger, geordneter Materie. Potenziell möglich wäre in ferner Zukunft somit das Zusammenfügen von Atomen zu biologisch relevanten Molekülen. Eingefügt in Membranen könnten sie Stoffwechsel- und Steuerfunktionen übernehmen. Das Einfügen von Organellen könnte in Richtung der „lebenden" Zelle führen.

Beim obigen Gedankenexperiment fragt es sich, wann hinreichende Merkmale von „Leben" gegeben sind. Gelingt die Synthese einer funktionsfähigen roten Blutzelle – eines Erythrozyten – so kann sie zum Funktionieren eines lebenden Organismus beitragen, doch ist sie selbst kein individueller Träger von Leben. Entsprechende Synthesen müssten das Nervensystem mit einschließen. Dann würde ein Ich entstehen, von dem wir nicht wissen, ob es sich seiner selbst bewusst ist – so wie wir streng genommen auch nicht beweisen können, dass unser nächster Mitmensch von Bewusstsein erfüllt ist. Angesichts des zu erahnenden Aufwandes der Synthese lebender Wesen sind die häufig geäußerten Befürchtungen derartiger Entwicklungen aber wohl in keiner Weise gerechtfertigt.

Auch in ferner Zukunft werden Roboter also auf Bewusstsein verzichten müssen. Im Wesentlichen werden sie nach dem Funktionsschema arbeiten, wie es in Abb. 3.7 dargestellt ist: Informationen werden über die Sensorik aufgenommen. Assoziativ, unter Zuhilfenahme von in Speichern abgelegter Erfahrung werden sie in multiparametrischer Weise verarbeitet. Komplexere Auswertungen erfolgen analog zu [HV/IV] in iterativer Vorgangsweise, wobei selbst mit modernen Technologien größere Rechenzeiten aufkommen können. Aktive Handlungen setzt der Roboter über Aktuatoren analog zum Modul der Motorik [M]. Die erfolgreiche Auswirkung der Handlung wird letztlich über geeignete Sensorik überprüft und bei Bedarf iterativ über ergänzende Handlungen korrigiert.

Im Roboter finden sich also im Wesentlichen alle Module wieder, wie sie in Abb. 3.7 angegeben sind. Einzig und allein das Modul des Bewusstseins [B] wird nicht gegeben sein. Indem sich der Roboter im Spiegel anhand von Merkmalen des eigenen Aussehens erkennt, kommt ihm Wissen über sein eigenes Selbst zu – wollen wir dieses Vermögen als *Ich-Wissen* bezeichnen. Das was wir Menschen hingegen – in weitgehend übereinstimmender Weise – als Phänomen des *Ich-Bewusstseins* berichten, scheint dem hoch entwickelten, biologisch aufgebauten System vorbehalten zu sein.

3.9 Schlussfolgerungen zum Kapitel 3

Zur Herkunft motorischer Signale werden hier drei Mechanismen unterschieden: Reflexe, Reaktionen und willentliche Handlungen. Beim Reflex wird ein sensorischer Input auf kürzestem Wege – teils schon im Rückenmark, d. h. ohne Beteiligung des Gehirns – in motorische Erregung umgelenkt. Das funktioniert in Bruchteilen einer Sekunde; und für die rasche Beantwortung kritischer Situationen ist es die beste Option. Dem, was hier als Reaktion bezeichnet wird, kommt längere Verarbeitungszeit zu, da die Beantwortung differenzierter ausfällt: In Engrammen abgelegte Erfahrungen und Fertigkeiten werden berücksichtigt. Kurze Denkvorgänge kommen auf, die iterativ verlaufen, was mit entsprechendem Zeitaufwand verbunden ist. Die Reaktion kann uns bewusst werden, wegen der Trägheit des Prozesses aber erst im Nachhinein.

Im Zentrum des Kapitels steht das iterative Modell von Abb. 3.7, das alle höheren Leistungen des Gehirns in sich vereint. Statt der von der Hirnforschung betriebenen topografischen Betrachtung ist hier eine mechanistische gegeben. Die Modellierung umfasst das sinnliche Registrieren, die Verarbeitung der sensorischen Signale und ihre Überführung in motorische. Eine erweiterte Auslegung des Engrammbegriffs dient der Modellierung der Speicherung von Informationen und von Bewegungsmustern. Denkvorgänge sind als iteratives Durchlaufen höherer Signalverarbeitung interpretiert, Willensprozesse als optimiertes, auf Handlung ausgerichtetes Denken. Das Modell beschreibt auch das, was wir als veränderte Bewusstseinszustände bezeichnen – Schlaf und Traum wird mit neuronaler Hemmung oder auch Enthemmung gedeutet. Bei all dem wird dem Bewusstsein keine aktive Rolle zugeordnet.

Literatur

Andersch A (2006) Die Kirschen der Freiheit. Diogenes, Zürich

Breckow J, Greinert R (1994) Biophysik. Walter de Gruyter, Berlin

Cotterill R (2008) Biophysik. Wiley-VCH, Weinheim

Freud S (2007) Die Traumdeutung. Fischer TB, Frankfurt am Main

Glaser R (2001) Biophysics. Springer, Berlin Heidelberg New York

Hartline DK, Colman DR (2007) Rapid conduction and the evolution of giant axons and myelinated fibers. Current Biol 17:R29

Hoppe W, Lohmann W, Markl H, Ziegler H (1982) Biophysik. Springer, Berlin Heidelberg New York

Hobson JA, McCarley RW (1977) The brain as a dream state generator: An activation-synthesis hypothesis of the dream process. Amer J Psychiatry 134:1335–1348

Kornhuber HH, Deecke L (1965) Hirnpotentialänderungen bei Willkürbewegungen und passiven Bewegungen des Menschen: Bereitschaftspotential und reafferente Potentiale. Pflügers Arch Physiol 284:1

Kornhuber HH, Deecke L (2007) Wille und Gehirn. Edition Sirius, Bielefeld Locarno

Libet B (2007) Mind Time. Suhrkamp, Frankfurt am Main

Mäntele W (2012) Biophysik. Ulmer, Stuttgart

Pfützner H (2012) Angewandte Biophysik. Springer, Wien New York

Pfützner H, Nussbaum C, Booth T, Rattay F (1996) Physiological analoga of artificial neural networks. In: Nonlinear Electromagnetic Systems. IOS Press, Amsterdam

Popper KR, Eccles JC (1982) Das Ich und sein Gehirn. Piper, München

Roth G (2001) Fühlen, Denken, Handeln. Suhrkamp, Frankfurt am Main

Roth G (2003) Aus Sicht des Gehirns. Suhrkamp, Frankfurt am Main

Sackmann E, Merkel R (2010) Lehrbuch der Biophysik. Wiley-VCH, Weinheim

Schünemann V (2004) Biophysik. Springer, Berlin

Searle JR (2004) Mind. Oxford Univ. Press, New York

Singer W (2002) Der Beobachter im Gehirn. Suhrkamp, Frankfurt am Main

Soon CS, Brass M, Heinze HC, Haynes JD (2008) Unscious determinants of free decisions in the human brain. Nat Neurosci 11:543

Wittgenstein L (2003) Philosophische Untersuchungen. Suhrkamp, Frankfurt am Main

4
Optimierte Willensbildung

Dieses letzte Kapitel will aufzeigen, dass für Freiheit und Willkür des Handelns kein Bedarf besteht. Stattdessen basieren Handeln, Denken und Planen auf Prozessen der Optimierung. Grundlegende Überlegungen und praktische Beispiele veranschaulichen, dass das Resultat der Optimierung die individuelle Persönlichkeit des Menschen in wesentlichem Maße mitbestimmt. Somit ist Freiheit des Willens zwar nicht gegeben. Doch ist das Handeln ein Ausdruck des Ichs, in Verbindung mit Verantwortlichkeit und Authentizität.

4.1 Konsistenz zur Verzögerung von Bewusstsein und willentlicher Handlung

Die von Libet beobachtete Verzögerung der Bewusstwerdung eines sensorischen Reizes erklärt sich mit dem Vorausgehen einer vehementen Erregung der höheren iterativen Verarbeitung als eine notwendige Bedingung. Auf „willentliche" Handlungen ausgerichtetes Denken kann im Sinne eines komplexen Optimierungsprozesses noch längere Zeit in Anspruch nehmen. So lässt sich deuten, dass der Handlung ein bis zu etwa sieben Sekunden dauerndes Bereitschaftssignal vorausgeht, in Konsistenz mit Resultaten der EEG-Registrierung.

Zu höheren Leistungen des Nervensystems diskutiert die Literatur der Hirnforschung zwei Phänomene zeitlicher Verzögerung, die in der Literatur beiderseits als weitgehend ungeklärt eingestuft werden:

(1.) die von Benjamin Libet beobachtete Verzögerung der Bewusstwerdung um etwa eine halbe Sekunde (s. Abschn. 2.7.3) und
(2.) das auch von anderen Experimentatoren bestätigte sogenannte Bereitschaftssignal, als eine bis zu sieben Sekunden dauernde Verzögerung zwischen sich im EEG andeutender Einleitung einer willentlichen Handlung und ihrer tatsächlichen Ausführung (s. Abschn. 3.2.1).

Das vorliegende biophysikalische Modell lässt einfache Deutungen beider Phänomene zu. Darauf soll im Folgenden etwas näher eingegangen werden. Einschlägige Module des Modells sind in Abb. 4.1 zusammengefasst.

Libet berichtet, dass zwischen Einsetzen des evozierten Signals und der Bewusstwerdung eine Verzögerung von etwa einer halben Sekunde aufkommt. Dabei erhebt sich zunächst die schon einmal gestellte Frage, inwieweit eine Bewusstwerdung berichtbar, das heißt signalisierbar ist. Wenn wir akzeptieren, dass das Bewusstsein rückwirkungsfrei ist, so ist eine Signalisierbarkeit vonseiten des Bewusstseins grundsätzlich unmöglich. Das heißt, wir

4 Optimierte Willensbildung   **193**

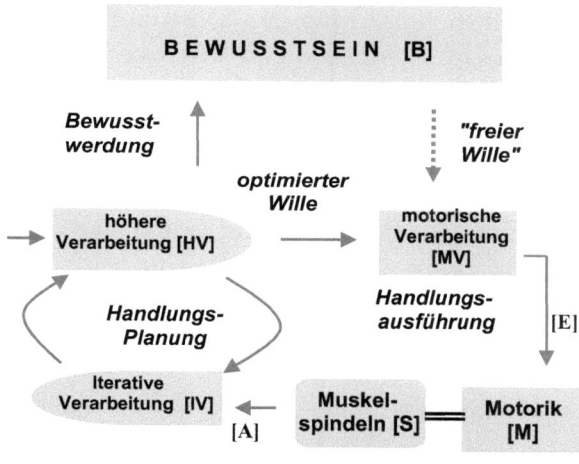

Abb. 4.1 Organisation optimierter willentlicher Handlung. Der Kreis [HV/IV] deutet die iterative, von vielem Erregungsgeschehen mitbestimmte Handlungseinleitung an – als Deutung dafür, dass Bereitschaftssignale mehrere Sekunden dauern können. Die Rückmeldung über einen tatsächlich zustande gekommenen Handlungsvollzug durch die Motorik erfolgt durch von Muskelspindeln generierte afferente Signale. Punktiert ist die dualistische Option *freien* Willens angedeutet

„fühlen" einen für Bewusstwerdung spezifischen Erregungszustand, der im Folgenden als ein „*vehementer*" bezeichnet werden soll. Sein Vorliegen wird aber auch vom physikalischen Gehirn als Spezifikum registriert, und es könnte motorisch signalisiert werden (die Literatur spricht hier häufig vom Korrelat des Bewusstseinsinhaltes). Die Berichtgebung kann akustisch erfolgen, genauso gut aber z. B. auch durch eine Handbewegung.

Als Hypothese wollen wir nun fordern, dass einer Bewusstwerdung in allen Fällen eine Vehemenz vorausgeht, und zwar im Sinne einer iterativen Erregung einer Engrammschleife entsprechend Abb. 4.1. Mit Libets Beobachtungen ist das voll kompatibel: Ein peripher gesetzter Reiz wird uns bewusst, wenn er so vehement ist, dass er „zu denken" Anlass gibt. Im Gehirn löst er also eine kreisende Erregung aus. Bleibt sie zumindest für eine halbe Sekunde aufrecht, so erfüllt sie die für eine „*Vehemenz*" notwendigen Voraussetzungen. Letztlich kommt es also erst mit gewisser *Verzögerung* zur Bewusstwerdung, und zwar über den Pfad [HV/IV-B]. Gegebenenfalls kommt es auch zu ihrer Signalisierung über [HV/IV-M], keinesfalls aber über [B-M], wie Dualisten annehmen würden.

In weitgehend analoger Weise lassen sich auch die mit dem *Bereitschaftssignal* verbundenen Verzögerungen interpretieren. Sie gehen Handlungen voraus, die nichtreflektorischer Natur sind. Das heißt, die geplante Handlung ist quasi individueller Natur, nicht einstudiert, und damit auch nicht in Speichern als Erregungsmuster fertig abgelegt. Das entsprechende, die Motorik versorgende Erregungsmuster muss von der höheren iterativen Verarbeitung [HV/IV], der die Rolle eines „Willenszentrums" zukommt, erst gefertigt, quasi synthetisiert werden. Das geschieht durch einen Prozess des Denkens. Die aufkommende vehemente Erregung wird mit der entsprechenden Verzögerung bewusst gemacht – im Sinne einer „willentlich" gesetzten Handlung. Je komplexer sie ausfällt, umso länger wird die Dauer der Erregung ausfallen. So ist es erklärlich, dass das mit EEG registrierte Bereitschaftssignal viele Sekunden dauern kann, ehe die motorischen Erregungsmuster gefertigt sind (Abb. 3.4).

Erst gegen Ende des Bereitschaftssignals laufen die motorischen Signale an die Efferenz [E]. Und wenn die geforderte Motorik intakt und nicht überfordert ist, dann wird die Handlung planungsgemäß ausgeführt. Das heißt, wir müssen zwischen Handlungsauslösung [HV/IV-MV-E] und Handlungsvollzug [E-M] unterscheiden. Dieser wird letztlich über Muskelspindeln an das Gehirn entlang [S-A-SV] zurück signalisiert. Unter Umständen kann der Vollzug damit mittels EEG seinerseits registriert werden. Die entsprechende – maximale – Verzögerungszeit summiert sich aus den Teillaufzeiten des Gesamtpfades, d. h. der Dauer des Bereitschaftssignals, der efferenten Laufzeit, der Kontraktionszeit und der afferenten Laufzeit von Peripherie zum Gehirn.

Als Schlussfolgerung sind die beiden sehr wesentlichen Verzögerungsmechanismen experimentell gut belegt. Mit dem Iterationsmodell sind sie voll kompatibel. Und umgekehrt gestattet das Modell ihre einfache Interpretation und Diskussion.

4.2 Bedeutung des Faktors Zeit

Aktionsimpulse erreichen Geschwindigkeiten bis 100 m/s. Somit werden in Serie geschaltete Neurone des Gehirns in Millisekunden durchlaufen, wobei sich mit jedem Passieren einer Synapse eine weitere Millisekunde addiert. Die Gesamtzeit korreliert mit Reflexen und raschen Reaktionen. Sekundenlange Verzögerungszeiten, wie sie bei Bereitschaftssignalen und bei Bewusstwerdungsprozessen auftreten, resultieren aus vielmaligen Durchläufen von in sich geschlossenen Neuronenschleifen. Nach der hier vorliegenden Modellierung repräsentiert dies den Prozess des Denkens, das wiederum eine Vorbedingung der Bewusstwerdung darstellt. Der hohe entsprechende Zeitbedarf bedeutet, dass rasches dynamisches Handeln einen bewussten Willen schon allein aus zeitlichen Gründen nicht einschließen kann.

4.2.1 Deutung langzeitlichen neuronalen Geschehens

Neuronale Signale durchlaufen die Nervenfasern mit hoher Geschwindigkeit, vor allem dann, wenn Myelinisierung[1] gegeben ist. Die Letztere bildet sich im Laufe des Heranwachsens eines Kindes aus. Es resultieren Laufgeschwindigkeiten von bis zu 100 Metern pro Sekunde. Angesichts der relativ geringen Ausmaße des menschlichen Gehirns – nicht viel mehr als ein Dezimeter – verbleiben die in ihm auftretenden „Straight-forward"-Laufzeiten in der Größenordnung von wenigen Millisekunden. Dazu addiert sich noch jeweils etwa eine Millisekunde für das Passieren einer Synapse durch den in Abschn. 1.4.2 behandelten elektrochemischen Zwischenprozess.

Schon im vorangegangenen Abschn. 4.1 wurde betont, dass sich im Rahmen der globalen Funktion zwei Phänomene beträchtlicher *Verzögerungen* beobachten lassen: Die

---

[1] Millimeter lange Abschnitte sind durch sogenannte Schwannsche Zellen elektrisch isoliert – wie von Isolierband umwickelt (s. Abb. 1.2). Ausgleichsströme können die Membran nur in kurzen, frei liegenden Zwischenabschnitten passieren. Somit überbrückt der Strom eine stark verlängerte Distanz (wie es in Abb. 1.3a angedeutet ist), woraus sich die erhöhte Geschwindigkeit erklärt.

Verzögerung der Bewusstwerdung und die des Bereitschaftssignals, das sich noch viel länger dahinziehen kann.

Wie schon im Abschn. 2.6.1 erwähnt, lassen sich – biophysikalisch gesehen – für die Deutung derartig hoher Zeitwerte prinzipiell nur zwei Varianten angeben: elektrochemische Zwischenprozesse entsprechend hoher Dauer, oder aber vielmaliges Durchlaufen schleifenartig in sich geschlossener neuronaler Pfade.

Elektro-chemische Zwischenprozesse könnten auf molekularer Kommunikation basieren, indem Transmitterstoffe in spezifischer Weise auf Rezeptorstoffe einwirken. Das funktioniert im Sinne von Enzymen und Hormonen – wobei die Letzteren auch im synaptischen Spalt zwischen prä- und postsynaptischer Seite vermitteln. Das Prinzip der sogenannten „langsamen" molekularen Kommunikation ist aber viel zu träge, um die bei Verarbeitungsprozessen der Hirnrinde anfallenden Informationsdichten und -mengen zu bewältigen.

Zur Erklärung von hohen Werten der Verarbeitungsdauer verbleibt somit nur die Annahme vielfach durchlaufener Engrammschleifen. Nach Abschn. 2.6.1 ist damit ein Denkprozess gegeben, der durchaus einige Sekunden beanspruchen kann. Er bietet sich zur Deutung von zwei wesentlichen Umständen an:

(1.) der erst nach einer Sekunde auftretenden Bewusstwerdung, und
(2.) des bis zu etwa sieben Sekunden dauernden Bereitschaftssignals.

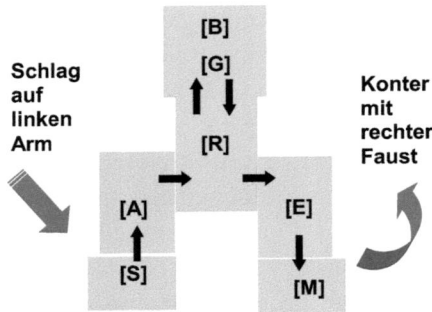

Abb. 4.2 Modulbild eines Boxkämpfers (von hinten gesehen), der einen links erlittenen Schlag mit der rechten Faust pariert (zu Abkürzungen s. Abb. 1.1)

4.2.2 Chronologie des KO-Schlags eines Boxers

Erwartungsgemäß werden die beiden eben besprochenen, für das Gehirn typischen Trägheitsphänomene dann offensichtlich und bedeutungsvoll, wenn rasches, dynamisches Handeln gefordert ist. Dies soll anhand eines einfachen Beispiels illustriert werden. Dazu zeigt Abb. 4.2 ein Modulbild, das einen Boxkämpfer darstellen soll. Angenommen sei, dass er am (im Bild) linken Arm einen schweren Schlag erfährt. Und dass er ihn augenblicklich pariert. Mit seiner rechten Faust, die den Gegner nicht nur k. o. schlägt, sondern verbleibend verletzt – im Sinne eines sehr vehementen Ereignisses.

Für die *Interpretation des Handlungsablaufs* sind in Abb. 4.3 drei denkbare Varianten (a) bis (c) dargestellt. Die Variante (a) sieht eine *vom Bewusstsein gesteuerte Handlung* vor, im Sinne dualistischer Anschauung (Abschn. 2.8.1). Danach bringt der am Arm erlittene Schlag verschiedene Arten von Sensoren zum Feuern; Druck-, Zug- und Schmerzsensoren. Die so generierten Erregungen laufen über die Afferenz [A] des linken Arms und das Rückenmark [R] in das Gehirn ein und werden von der sensorischen Verarbeitung [SV] erfasst. Die Information „steigt auf" in das Bewusstsein [B]. Dieses setzt einen bewussten, *freien* Willensprozess, wirkt auf die materielle motorische Verarbeitung [MV] ein, womit hier motorische Erregungen generiert werden. Diese laufen über das Rückenmark und über Motoneurone der Efferenz [E] des rechten Arms zur Faust. Und die Motorik [M] besorgt den vernichtenden Rückschlag.

Tatsächlich würde der eben geschilderte Ablauf kaum effizient sein, und zwar wegen der langen inkludierten Verzögerungszeiten. Der Weg [S-SV] wird in weniger als einer zehntel Sekunde durchlaufen. Doch dann folgt eine Bewusstwerdung von fast einer Sekunde Dauer. Und für den Willensprozess könnte eine noch größere Zeitspanne aufkommen, bevor die wiederum sehr rasche motorische Aktion erfolgt. Mit einer Gesamtzeit um zwei Sekunden wäre der Gegner wohl schon in bester Deckung.

Die Variante (b) betrifft eine *optimierte willentliche Handlung*, die Bewusstwerdung einschließt. Resultate der sensorischen Verarbeitung werden übergeführt in höhere Verarbeitung. Mit iterativer Verarbeitung [HV/IV] kommt ein Denkprozess auf, in den einschlägige Erfahrungen einfließen können, die in Gedächtnisspeichern ([GS] nach Abb. 3.7) abgelegt sind. Die die Verteidigungshandlung – als eine optimierte Handlung – planende und einleitende vehemente Erregung entspricht einem zumindest eine Sekunde dauernden Bereitschaftssignal. Die Reaktion des Boxers erfolgt damit nach mehr als einer Sekunde.

Die dritte, wohl am ehesten richtige Variante (c) betrifft die Interpretation als eine *nicht-willentliche Reaktion*, der nur teilweise Bewusstwerdung zukommt. Die vorverarbeitete sensorische Information passiert knappe höhere Verarbeitung, um dann unmittelbar die motorische Verarbeitung zu aktivieren. Dabei sind natürlich auch weitere Bewegungsmuster mit im Spiel, die verschiedenste Muskeln des gesamten übrigen Körpers versorgen. Es handelt sich um Muster, die der Boxer im Laufe seiner Ausbildung und seines laufenden Trainings in verschiedenen Teilen des Gehirns als Engramme eingerichtet hat und die nun jederzeit abrufbar sind – vor allem aus motorischen Speichern. Die motorische Handlung wird damit innerhalb einiger zehntel Sekunden eingeleitet, womit der Gegner ins Knock-out gerät. Erst kurz danach kommt es zu Prozessen der Bewusstwerdung von Teilen der Aktion. Doch nicht von allen – von jenen nicht, die reine Routine gewesen sind. Und im Sinne von Kontrast (Abschn. 2.1.2) generell sehr eingeschränkt, wenn die Aktion unerwartet schwere Folgen hat, die das Gehirn *stärker* beschäftigen, damit aber sicher bewusst werden.

Abb. 4.3 Drei Varianten der Interpretation der Handlung bzw. Reaktion (zu Abkürzungen s. Abb. 3.7). **a** Vom Bewusstsein gesteuerte, freie willentliche Handlung mit zumindest zwei Sekunden Dauer. **b** Optimierte willentliche Handlung mit zumindest einer Sekunde Dauer. **c** Nicht-willentliche, antrainierte Reaktion, die in Bruchteilen einer Sekunde abgeschlossen ist

4 Optimierte Willensbildung 201

a

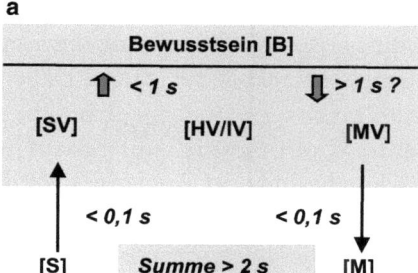

b

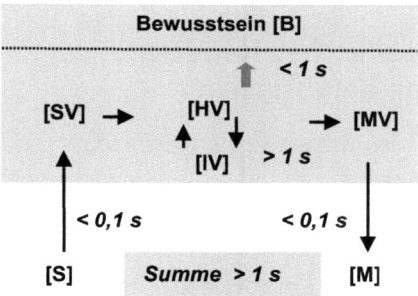

c

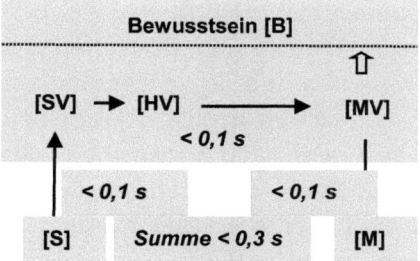

Die Variante (c) verläuft ohne Willensprozess. Mündet sie – wie erwähnt – in fatale Verletzung des Gegners, so erhebt sich die Frage der *Schuld* des Täters. Dabei wird zu berücksichtigen sein, dass eine nicht-willentliche Aktion vorliegt (die allerdings mit Antritt zum Kampf wohl Kalkül geworden ist). Doch selbst bei Ansatz der Variante (b), die Willen und Bewusstwerdung inkludiert, könnte Zuweisung von Schuld als ein Problem gesehen werden, da bewusst gesetzter *freier* Wille ja nicht gegeben ist, wie im Abschn. 4.7.1 noch näher diskutiert wird.

4.2.3 Dynamisches Handeln ohne Bewusstsein

Das Beispiel des Boxers verdeutlicht, dass das, was wir als rasches, dynamisches Handeln bezeichnen, bewussten Willen aus zeitlichen Gründen grundsätzlich nicht einschließen *kann*. Dies gilt generell. So setzt das Gehirn eines Pianisten den kritischen – mit Lampenfieber verbundenen – Willensprozess am Beginn des Einsatzes. Danach spielen die Finger nach Bewegungsmustern, die im Rahmen des Übens in Tausenden Engrammen der motorischen Speicher ([MS] nach Abb. 3.7) abgelegt worden sind. Bewusstsein wird wohl nur für den *Gesamtverlauf* des Ereignisses aufkommen – der Ausführende hört sich in ähnlicher Weise zu, wie er vom Publikum gehört wird. Und er registriert, ob der Auftritt gut verläuft, oder durch widrige Umstände gestört ist. Analoges gilt für die Präsentation eines Vortrages: Nach guter Vorbereitung strömen die Worte aus dem Mund, doch für ein Überdenken des Sinns fehlt uns die Zeit.

Anzunehmen ist, dass auch Dualisten das oben diskutierte Szenario eher als komplexen Reflex interpretieren würden, der *keine* bewusstseinsgesteuerte Willensbildung inkludiert. Bezüglich verschiedener *Handlungstypen* geht man davon aus, dass der größte Teil von Handlungen unterbewusst erfolgt. Viele werden von retardierten Prozessen einer Bewusstwerdung begleitet. Und nur weniges Tun und Denken entspricht dem Typ der wohl „überlegten" Entscheidung, die Gegenstand der Diskussion von freiem Willen sein kann – tatsächlich aber eher *optimiertem Willen* entspricht, wie es die folgenden Abschnitte näher ausführen.

4.3 Iteration als Erklärung langzeitlicher Kausalität

Zu einem betrachteten Zeitpunkt ist der Ausgangszustand eines individuellen Neurons durch die unmittelbare Vergangenheit der Eingangszustände seiner Synapsen bestimmt. Sie repräsentieren äußere Kausalitätsfaktoren vom entsprechenden Engramm bis hin zur Umwelt, aber auch innere Faktoren, von der molekularen Ebene bis herab zu jener von Quantenzuständen. Nun können die Milliarden von Neuronen des Gehirns über jeweils tausend Synapsen verknüpft sein. Durch wiederholt durchlaufene Rückkopplungsschleifen können Erregungszustände der fernen Vergangenheit auf ein Neuron immer wieder erneut einwirken, in integrativer Weise, grundsätzlich ohne zeitliche Begrenzungen. Mit „Resterregungen" kann eine nicht nachvollziehbare

Komplexität höchsten Grades resultieren, trotz strenger Kausalität.

4.3.1 Die Problematik uneingeschränkter Kausalität

Nach dem Iterationsmodell von Abb. 3.7 werden Denkvorgänge vom Erregungszustand des Gehirns bestimmt, als Resultate kausaler Bedingungsketten. Mit Bezug auf Willensfreiheit bedeutet Kausalität, dass jedem Denken und Handeln eine Ursache vorausgeht, die ihrerseits von vorausgehenden Ursachen bestimmt ist. Dieses einfache Ursache/Wirkung-Prinzip auf das Gehirn des Menschen anzuwenden, erscheint zunächst entwürdigend, indem es ihn zu einer Maschine degradiert. Und es ist sogar Wolf Singer – eigentlich ein entschiedener Gegner des Dualismus –, der sich in diesem Sinne äußert. Er bezeichnet den Ansatz als „überholt" und als „wahrscheinlich ganz falsch".[2]

Einfache *physikalische* Prozesse können so verlaufen, dass eine per Definition einzige *primäre Ursache*[3] Geschehnisse nach sich zieht, die exakt voraussehbar sind – zumindest für den einschlägig geschulten Experten. Er ist in der Lage, die Bedingungskette auf Basis der Naturgesetze qualitativ, oder

---

[2] *Singer* 2003, S. 61.
[3] Als primäre Ursache sei eine einschneidende, weitere Entwicklungen de facto allein bestimmende Konstellation definiert, quasi ein Knotenpunkt kausaler Entwicklungen. Ein gutes Beispiel ist der im Abschn. 4.3.3 betrachtete, vom Tisch fallende Krug. Der Prozess des Fallens eignet sich zum Ansatz als primäre Ursache für die weiteren Folgen. Freilich fällt der Krug nicht ohne davor liegende Ursachen vom Tisch. Allerdings wird ein entsprechend beschuldigter Verursacher *multiparametrische* Ursachen als Erklärung nennen, die sich zur Definition als primäre Ursache kaum eignen werden.

sogar quantitativ nachzuvollziehen. Für neuronale Prozesse ist dieser Nachvollzug a priori infrage gestellt, da *multiparametrische* Verursachung vorliegt. Nun lässt sich argumentieren, dass die einzelnen Parameter bei Annahme totaler Kausalität ja ihrerseits durch gemeinsame *primäre* Ursachen verknüpft sind. Es war schon Aristoteles, der diese Problematik intensiv diskutiert hat. Generell stellt er fortlaufende Kausalketten in Abrede, mit Aussagen wie „die Ursachen des Seienden sind weder in fortlaufender Reihe noch der Art nach unbegrenzt".[4] Andererseits wird er mit der Schlussfolgerung interpretiert,[5] dass sich die Vermengung bestimmender Entwicklungen chaotisch äußern kann: Das Zusammenlaufen von zunächst (scheinbar) getrennt laufenden Bedingungsketten könnte zu de facto *zufälligen* Ergebnissen führen.

Als sehr einfaches *Beispiel sich begegnender Bedingungsketten* diene ein Stein, der, in einen stillen See geworfen, zu geordneter Wellenbildung führt. Vom Experten, einem entsprechend ausgebildeten Physiker, kann die zeitlichräumliche Entwicklung nachvollzogen werden. Ein zweiter, örtlich versetzter Steinwurf – als zweite primäre Ursache – ergibt seinerseits zunächst eine nachvollziehbare Bedingungskette in Form konzentrischer Wellenbildung. Jedoch aus der *Begegnung* der beiden Wellenscharen resultiert eine Fortentwicklung, die zwar kausal verläuft, deren Beschreibung aber hoher Mathematik bedarf. Wird der See nun von starkem Wind zerwühlt, so entsteht (scheinbares) Chaos mit (scheinbar) zufälligen lokalen Wellenentwicklungen,

---
[4] *Aristoteles* 2005, S. 53.
[5] *Jedan* 2007, S. 42.

obwohl über die zeitlich/räumliche Turbulenz der Luft tatsächlich volle Kausalität gegeben ist.

Analog zum Obigen ist ein in seinem Verlauf strenger Kausalität unterworfenes menschliches *Leben* nicht von entwürdigender Voraussehbarkeit erfüllt, wie Dualisten befürchten. Sondern de facto ist es ein offenes Spiel unendlich vieler Entwicklungsmöglichkeiten. Deshalb, weil sich unzählige, (scheinbar) getrennt verlaufende Bedingungsketten lebenslang in steter Abfolge gegenseitig begegnen. Und durch unser Bewusstsein „erleben" wir dieses Spiel mit Staunen, Freude oder Leid.

4.3.2 Scharen von Bedingungsketten

Abbildung 4.4 deutet Scharen von Bedingungsketten an, die den Zustand eines individuellen Neurons unseres Gehirns determinieren können. Sie sind es, die bestimmen, ob und wann das Neuron feuert, als mögliche – alles andere als primäre – Ursache einer Handlung. Im Sinne ihrer spezifischen Funktion wird die Erregung des Neurons durch die Tätigkeit der auf ihn einwirkenden Synapsen bestimmt. Doch ergeben sich zur Kausalität beitragende Einflüsse auch von innen. Sie resultieren aus molekularen und atomaren Fluktuationen im Sinne der thermisch bedingten Brownschen Bewegung. Auch ein neurologisch spezifischer Mechanismus ist denkbar: So beschreibt der Elektrophysiologe Bernard Katz „Miniatur-Endplattenpotenziale" (hier: „Miniatur-EPSPs") im Sinne von spontan und statistisch auftretenden Entladungen einzelner Vesikeln.[6] Zwar ist ihre

---

[6] *Katz* 1974, S. 116.

Auswirkung mit ca. 0,4 Volt Membranspannungsänderung sehr begrenzt (Abschn. 1.4.3). Zumindest theoretisch denkbar ist jedoch ein – kaum wahrscheinliches aber prinzipiell mögliches – so sehr gehäuftes Auftreten von Entladungen, dass im zeitlichen Zusammentreffen geeigneter Konstellationen letztlich relevante Erregungen ausgelöst werden. Im Abschn. 1.4.3 wurde dies als mögliche Deutung vermeintlicher „endogener" Erregungsquellen diskutiert.

Zumindest theoretisch lässt sich eine gewisse Modulation des Erregungsverhaltens letztlich auch durch subatomares Geschehen erwarten: Durch Prozesse quantenhafter Natur wie dem statistischen Umklappen magnetischer Spinmomente. Praktische Relevanz ist für innere Faktoren aber kaum gegeben, wie wir es schon bezüglich vermeintlicher quantenhafter Rückwirkungen des Bewusstseins festgehalten haben.

Von *außen* wirkende Kausalitätsfaktoren sind zunächst einmal durch die schon erwähnten synaptischen Inputs gegeben. Sie binden das Neuron in ein funktionelles Engramm ein und determinieren seine spezifische, augenblickliche Aufgabe. Das betrachtete Engramm wird über andere Engramme in definierter Weise in das Nervensystem als Ganzes eingebunden sein, die somit ihrerseits als funktionell determinierende Faktoren wirken. Daneben ergeben sich aber zwischen einzelnen Engrammen auch globale, *unspezifische* Wechselwirkungen, etwa im Sinne des in Abschn. 2.1.2 beschriebenen Kontrastmechanismus. Er kann zu beträchtlicher, neuronal vermittelter Abschwächung der Erregungsbereitschaft des betrachteten Neurons führen. Ebenso gut treten auch chemisch vermittelte Beeinflussungen auf, etwa durch veränderte Hormonkonzentrationen,

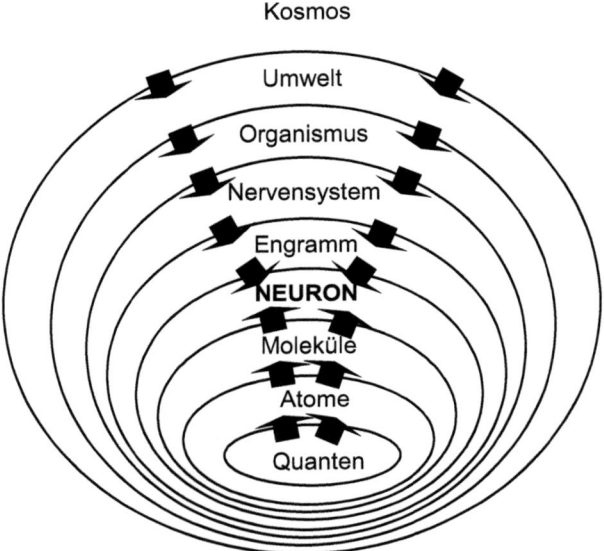

Abb. 4.4 Kausalitätsfaktoren, die den Erregungszustand eines individuellen Neurons zu einem Zeitpunkt [t] bestimmen. Äußere Faktoren reichen vom Engramm, dem das betrachtete Neuron angehört, bis hin zum Kosmos, innere von den Molekülen, die das Neuron aufbauen, bis hinunter zu Quanten der Atome. Über Rückkopplungsschleifen fungieren Erregungszustände früherer Zeitpunkte [$t-T$] als weitere Faktoren der Kausalität entsprechend Abb. 4.5

womit der Organismus als Ganzes als kausaler Faktor in Erscheinung tritt. Als noch höhere, sehr entscheidende Ebene der Beeinflussung tritt die *Umwelt* in Erscheinung. Über die Vielfalt sensorischer Inputs kann sie – in der schon besprochenen Weise – als primäre Quelle neuronaler Erregungen einwirken. Über die komplexen Verschaltungswege des Nervensystems wird wahrscheinlich, dass jeder individuelle Sensor letztlich jedes individuelle Neuron des Gehirns in mehr oder weniger deutlicher Weise mit beeinflusst – mit verschiedenartigsten Auswirkungen, die trotz ihrer kausalen Bestimmtheit unvorhersehbar sind. Erwähnt sei letztlich noch der Einfluss des Kosmos auf die Umwelt des Menschen, woraus die höchste Ebene kausaler Bedingungsketten resultiert.

Das Obige verdeutlicht, dass die häufig an den Determinismus gestellte Forderung nach – zumindest durch den Experten – möglicher Beschreibbarkeit von Bedingungsketten a priori nicht realistisch sein kann. Vonseiten eines *allwissenden* Experten wäre die gegebene Kausalität aber nachvollziehbar – selbst unter Berücksichtigung spezifischer Effekte der Zeit.

4.3.3 Das Mitwirken der fernen Vergangenheit

Bezüglich dem Faktor Zeit neigen *physikalische* Bedingungsketten zu guter Beschreibbarkeit, weil die zeitliche Abarbeitung meist gestaffelt verläuft: Ein Krug fällt vom Tisch zum Zeitpunkt $[t]$, zerbricht zum Zeitpunkt $[t + T_1]$, und der Wein verfärbt den Teppich zum Zeitpunkt $[t + T_2]$. Demgegenüber ist – wie im Abschn. 2.1.1 näher ausgeführt – das Nervensystem durch *zeitlich integrative Verarbeitung* gekennzeichnet.

Die Frage stellt sich dabei, was den *Status eines Neurons* mit Hinblick auf den Faktor Zeit bestimmt. Unmittelbar gesehen ist es der zeitliche Verlauf des Erregungszustandes der exzitatorischen und inhibitorischen integrativ zusammenwirkenden Synapsen des Neurons. Je nach ihrer Entfernung von anderen Aufpunkten des Nervensystems kommen die entsprechenden Signale aber mit Verzögerung zur Wirkung, da ja jede durchlaufene Umschaltung mit einer Verarbeitungsdauer von zumindest einer Millisekunde verbunden ist. Und auch jedem durchlaufenen Axonabschnitt kommt endliche Laufzeit zu. Ihre Größenordnung beträgt bis zu 1 ms pro mm (bei sehr starken Schwankungen). Es resultiert, dass zum Bezugszeitpunkt $[t]$ auch – streng genommen aber immer – *Zustände der Vergangenheit* wirksam werden, die früheren Zeitpunkten $[t - T]$ zukommen. Nach Abschn. 2.1.2 treten im Nervensystem Rückkopplungsschleifen in Erscheinung, die erregend oder hemmend wirken können. Die Milliarden insgesamt beteiligten Neuronen stehen wohl alle in irgendwelcher Verschaltung. So können weite Wege gehende Schleifen resultieren, deren Durchlauf hohe Gesamtlaufzeit ergibt – als Erklärung für (scheinbar) endogene Erregungen. Tatsächlich handelt es sich um „Resterregungen" langer Vorgeschichte, wie wir sie schon im Abschn. 3.7.2 bezüglich des Traumgeschehens diskutiert haben.

Zur *Illustration* skizziert Abb. 4.5 einen Ausschnitt aus dem neuronalen Netz des Gehirns bei Betrachtung eines individuellen Neurons N. Der aktuelle Erregungszustand sei über drei synaptische Inputs A, B, C determiniert. A und B könnten verwandte sensorische Informationen darstellen. Entspricht A dem Bezugszeitpunkt $[t]$, so bedeutet der längere Engrammweg einen früheren Zeitpunkt $[t - T_1]$ für B. Über eine Engramm*schleife* führt der Input C Signale heran, die das Neuron N zu einem früheren Zeitpunkt $[t - T_2]$ schon einmal passiert haben, und von denen wir annehmen

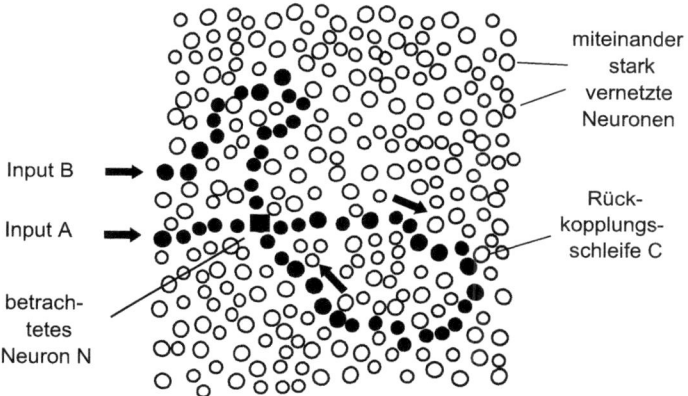

Abb. 4.5 Zum Mitwirken der Vergangenheit bei der Bestimmung des Erregungszustandes eines individuellen – quadratisch markierten – Neurons N. Die kleinen Kreise symbolisieren Neuronen (tatsächlich weitgehend parallel zueinander arbeitende Neuronenbündel), welche über synaptische Verbindungen untereinander vernetzt sind. Betrachtet sind drei engrammgeführte Inputs A, B und C. Signale A kommen an N auf kurzem Wege mit hoher Aktualität an, entsprechend dem Bezugszeitpunkt $[t]$. Wegen gewundenem und somit längerem Wege repräsentieren Signale B einen früheren Zeitpunkt $[t - T_1]$. Über die im Uhrzeigersinn durchlaufene Engrammschleife wirken Erregungen C ein, die das Neuron N zu einem früheren Zeitpunkt $[t - T_2]$ schon einmal passiert haben und damit tatsächlich einem noch weiter zurück liegenden Zeitpunkt $[t - T_3]$ entsprechen

wollen, dass sie damals zu dominanter Erregung geführt haben, die in die Schleife eingeflossen ist. Die Signale kommen nun neuerlich zur Wirkung, wobei sie tatsächlich ein Geschehen repräsentieren, das einem lang zurückliegenden Zeitpunkt $[t - T_3]$ entspricht.

Das schematische Beispiel illustriert, dass der gegenwärtige Zustand eines Neurons nicht nur durch die *Quasi-Gegenwart* – d. h. die unmittelbare Vergangenheit (streuend durch synaptische Übertragungszeiten) – bestimmt wird, sondern auch durch Vergangenheit im weiteren Sinn. Mit Hinblick auf die Möglichkeit des zyklischen Durchlaufens von rückkoppelnden Schleifen ist eine zeitliche Begrenzung theoretisch gesehen nicht gegeben. Darauf wurde schon bezüglich des Arbeitsgedächtnisses hingewiesen. Der Erregungszustand eines Neurons ist also von Scharen Einfluss nehmender Faktoren bestimmt, wobei deren zeitliche Entwicklung in integrativer Weise mitwirkt.

4.4 Beispiele versteckter Kausalität

Denken und Handeln geschehen in strenger Kausalität. Doch selbst in (scheinbar) simplen Fällen kann sie versteckter Natur sein. Handlungen werden durch sensorische Inputs bei Mitwirken der Vergangenheit bestimmt, aber auch durch in Speichern abgelegte Verhaltensmuster. In besonderem Maße versteckte Kausalität kann sich bei Handlungen ergeben, die aus langfristigen Planungen oder Vorsätzen resultieren.

4.4.1 Kausalität des Handelns

Die im Prolog gestellte Frage, was uns gehen oder stehen macht, beantwortet sich einfach, wenn wir akzeptieren, dass Denken und Handeln voller *Kausalität* unterliegen. Alles

4 Optimierte Willensbildung

Tun ist das Ergebnis von Ketten der Bedingungen, wobei Bewusstwerdung aufkommen kann, aber nicht muss:

- Wir gehen, weil das vegetative Nervensystem nach Bewegung des Körpers verlangt (ohne dass es uns bewusst werden muss).
- Wir gehen (ohne Bewusstwerdung), weil die Bewegung von A nach B integraler Bestandteil einer komplexeren Handlung ist – etwa dem Holen von Wasser vom Brunnen.
- Wir gehen, weil der mit dem Blick auf die Uhr ausgelöste optische Erregungsstrom in assoziativen Bereichen des Gehirns die Ingangsetzung des zur Regel gewordenen Fünfuhrspaziergangs auslöst.
- Wir bleiben plötzlich stehen, weil ein außergewöhnlicher optischer Eindruck stationäre motorische Erregungsabläufe abstoppt – im Sinne der im Abschn. 2.1.2 behandelten zeitlichen und räumlichen Kontrastierung.

Für all dieses Handeln besteht Kausalität. Und es erweckt nicht den Eindruck mangelnder Freiheit, wenn wir erkennen, dass wir außerstande sind, auch nur *einen* Schritt aus reiner Willkür anzusetzen. Versuchen wir diesen willkürlichen Schritt, so wird er eben des Versuches wegen getan – und somit im Sinne von Kausalität.

Im Obigen haben wir Denkvorgänge als vom Erregungszustand des Gehirns bestimmt bezeichnet. Handelt es sich um Reaktionen auf sinnlich Registriertes, so sind die involvierten Kausalketten leicht nachvollziehbar. Daneben aber kommen auch Gedanken auf, die uns als spontan erscheinen – quasi „aus heiterem Himmel" kommend. Dualisten argumentieren hier mit dem Bewusstsein als endogener Quelle des Denkens und Wollens. Quantentheoretisch orientierte Materialisten wiederum argumentieren, dass die Quelle in Zufallsprozessen gegeben ist. Die hier vorliegende Modellierung hingegen nimmt verborgene, über beliebig lange Zeiträume aufrechterhaltene Erregungsabläufe an, welche die Kausalität wahren.

Nach dem vorangegangenen Abschn. 4.3.3 ist Denken oder Handeln auch durch Vergangenheit im *weiteren* Sinn bedingt. Mit Hinblick auf die Möglichkeit des zyklischen Durchlaufens von rückkoppelnden Schleifen ist theoretisch gesehen keine zeitliche Begrenzung gegeben. So ist all unser Denken und Tun von Faktoren bestimmt, deren zeitliche Entwicklung versteckte Kausalitäten umfassen kann.

4.4.2 Kausalität des Planens

Nach Diskussionen des Faktors Vergangenheit sei das von kausalem *Weiterwirken in die Zukunft* angesprochen. Welche Deutung erlaubt unser Modell zur Interpretation von auf die Zukunft ausgerichtetem Planen, oder die Realisierung von Vorsätzen? Als Beispiel setzen wir ein gesundheitliches Schmerzproblem an, für das sich die tägliche Einnahme einer sehr bitteren Pille anbietet. Die erstmalige Einnahme wird einen *Prozess des willentlichen Handelns* voraussetzen. Unser Gehirn vergleicht Vor- und Nachteile der Pille im Sinne einer Optimierung. Diese berücksichtigt die von Schmerzsensoren in Regelmäßigkeit aufkommenden Signale, die uns plagen und heftig zu denken geben, womit sie uns auch immer wieder neu bewusst werden. Gegen die Pille sprechen die täglich zu erwartenden plagenden Signale der

Geschmackssensoren unserer Zunge. Doch letztlich überwiegt das „ja". Und es kommt zum Vorsatz der täglichen Einnahme am frühen Morgen.

Die erstmalige Einnahme erfolgt im Sinne der schon erwähnten willentlichen Handlung. Die zweite – am nächsten Morgen – mag als *Reaktion* auf akustische Signale erfolgen, die von unserem Computer kommen, um uns an die Einnahme nach dem Frühstück zu erinnern. Wiederholte Einnahme wird in Engrammen des Langzeitgedächtnisses münden. Für die Frühstückszeit typische sensorische Inputs von Morgenlicht oder Kaffeegeschmack werden Assoziationen aufkommen lassen, welche die mit der Pille verbundenen motorischen Signalmuster ohne Denkprozess einleiten. Die Kausalitätskette liegt nun nicht mehr klar auf der Hand, doch sie lässt sich nachvollziehen.

Bei ständiger Einnahme einer Pille zur selben Tageszeit kann letztlich noch ein weiterer Faktor zum Tragen kommen. Bekanntlich wird tagesperiodisches Geschehen von unserer „inneren Uhr" unterstützt, die nach schwer erforschbaren physiologischen Mechanismen funktioniert. Der sogenannte circadiane Rhythmus könnte beim obigen Beispiel die tägliche Einnahme so weit unterstützen, dass er zu einem tragenden Faktor der Kausalität wird. Das Zusammenwirken mit assoziativen Faktoren mündet letztlich in verlässliches Schlucken der Pille. Ihre Einnahme ist zur Gewohnheit geworden – ohne längeres Denken, und somit auch ohne Bewusstwerdung. Auch die vom bitteren Geschmack nach wie vor aufkommenden sensorischen Signale belasten uns nicht mehr. Im Sinne der im Abschn. 2.1.2 behandelten zeitlichen und räumlichen Kontrastierung konzentriert sich unser Gehirn auf anderes morgendliches Geschehen, dem höhere Aktualität und größere Bedeutung zukommen.

4.5 Auslösung und Bewusstwerdung von Gedanken

Denken geschieht, wenn das Gehirn mit Konstellationen konfrontiert ist, denen mit geradliniger Verarbeitung nicht begegnet werden kann. Sensorische Signale können als unmittelbare Auslöser wirken, ebenso aber als mittelbare, über assoziative Freimachung von Gedächtnisinhalten. Freiheit zu willkürlichem Denken ist nicht gegeben – alles Denken dient der optimierten Lösung von Problemen. Bewusstwerdung von Denkvorgängen ergibt sich in Zeitabschnitten besonders vehementer Erregung.

Wie mag Denken zustande kommen? Und: Sind Gedanken frei? Das sind wenig geklärte Aspekte der Erforschung des Gehirns. Zunächst stellt sich die Frage, ob es alleine das materielle Gehirn ist, welches das Denken besorgt. Für Vertreter des *Dualismus* kommt hier ein Konflikt auf, der uneinheitlich beurteilt wird. Eccles und Popper weisen den Sachverhalt des Denkens der Welt 2 zu, d. h. dem immateriell mentalen System.[7] Andererseits ist offensichtlich, dass Denkvorgänge von elektrischen Biosignalen begleitet sind, die neuronale Erregungstätigkeiten widerspiegeln. Dies läuft hinaus auf eine Zweigleisigkeit, auf eine Aufgabenteilung zwischen selbst-bewusstem Geist und Gehirn.

---

[7] Zum Beispiel *Eccles* 2000, S. 245, Abb.VI2.

Es resultiert ein wenig überzeugendes, von Kompromissen beladenes System, das dem optimiert evolutionären Walten der Natur zuwider steht. Die folgenden Abschnitte behandeln den Problemkreis aus der Sicht des Iterationsmodells nach Abb. 3.7.

4.5.1 Auslösung des Denkens

Die eigentliche Organisation von Denkvorgängen ist kaum erforscht. Bekanntlich sind es nur einzelne, verschiedenen Hirnteilen zugehörige Regionen, deren intaktes Zusammenspiel für effizientes Denken Voraussetzung sind. Zu diesen topografischen Aspekten sei auf die Literatur verwiesen. Eine mechanistische Deutung hingegen gelingt mit dem iterativen Modell von Abb. 3.7: Durch unterschiedliche Module freigesetzte Inhalte der Gedächtnisspeicher – ergänzt durch Resultate der sensorischen Verarbeitung – werden vom Modul höherer Verarbeitung verknüpft. Zyklisch wird das Resultat verknüpfender Verarbeitung im Sinne eines zeitlich linearen Vorganges von der iterativen Verarbeitung rückgeführt. In Arbeitsspeichern von [GS] wird das Resultat zwischengelagert. Es kann nun neuerlich dem Bewusstsein zugeführt werden, bevor es – gemeinsam mit wechselnden Inhalten aus [GS] und [SV] – erneut der Verarbeitungsschleife übergeben wird. Als Option kann ein erfolgreiches Resultat des Denkvorganges schließlich in eine motorische Handlung übergeführt werden. Sei es auf kurzem Wege [HV-MV-M]; oder auf dem langem Pfad [HV/IV-MV-M], der den Mechanismus der Willensbildung einschließt. Vielmaliger Durchlauf kann dabei sekundenlange Verarbeitungszeit beanspruchen, als eine Deutung des Bereitschaftssignals (Abschn. 3.2.1).

Die Frage der *Freiheit des Denkens* orientiert sich an populären dualistischen Vorstellungen. Nach ihnen mag das Bewusstsein den spontanen Entschluss setzen „eine Sache nun eingehend zu bedenken". Umgekehrt dazu lässt das hier vertretene Modell erwarten, dass es das Erregungsgeschehen des Gehirns ist, welches das Bewusstsein mit dem Aufkommen von Gedanken konfrontiert. Dies korreliert mit gängigen Redewendungen, wie

> Gedanken, die uns kommen,
> verfolgen, quälen, nicht loslassen,
> durch den Kopf gehen,
> derer man sich nicht erwehren kann,
> die aber auch schnell wieder verfliegen

– Qualifikationen, die aber nicht das Bewusstsein formuliert, sondern das nach physikalischen Gesetzen funktionierende Gehirn.

Von unserem Instinkt – wohl aber vor allem als Ergebnis unserer geistigen Erziehung – bewerten wir die eben angeführten allgemein akzeptierten Beispiele „unfreien" Denkens und Handelns als Ausnahmen. Dass sie tatsächlich die Regel sind, lässt sich durch das übliche naturwissenschaftliche Experiment nicht beweisen. Doch der individuelle Beweis kann uns durch Eigenexperimente gelingen. Analysieren wir die Umstände, die zu einer vermeintlich aus freiem Willen gesetzten Entscheidung geführt haben. Dabei erkennen wir, dass es ein komplexer Reifungsprozess ist, in dem das Gehirn zahllose Einfluss gebende Faktoren verarbeitet, um letztlich ein alles bestimmendes Triggersignal zu setzen, welches die Handlung bestimmt. Wie es Singer sehr treffend mit dem „Beobachter im Gehirn" umschreibt,[8] ist das Bewusstsein am Reifungsprozess nicht beteiligt. Sein Dazutun beschränkt sich darauf, uns bedeutende Aspekte des Prozesses bewusst zu machen.

Sogenanntes *endogenes Denken* als vom Inneren heraus induziertes Aufkommen von Erregungen (vgl. Abschn. 1.4.3) wird, wie schon erwähnt, hier nicht ins Spiel gebracht. Für das Problem der Willensbildung bietet es keine Lösung an, sondern verschiebt es bloß um eine Ebene. Das Feuern einer Zelle als konstruktiv Sinn ergebendes Ereignis kann nicht statistischer Natur sein. Hier wird von fehlender Existenz „endogen erregter" Zelltypen ausgegangen. Alle Zellen werden durch synaptische Erregung aktiviert. Auslöser können langzeitliche, verborgen wirkende Denkvorgänge sein, die unterschwellig verlaufen, indem die entsprechenden Erregungen das Ausmaß der Vehemenz nicht erreichen. Tatsächlich ist nicht zu erwarten, dass ein intaktes Gehirn Denkvorgänge ohne jeden Anlass als quasi willkürliche Ereignisse generiert (abgesehen von Artefakten, wie Störungen – die ihrerseits einen Anlass repräsentieren).

Auslösung von Gedanken kann also durch schwächste sensorische Inputs gegeben sein, die uns gar nicht bewusst werden. Sie können Assoziationen auslösen, die in komplexe Gedankengänge münden. Auch kann Bedarf nach motorischen Reaktionen bestehen, wobei geeignete Bewegungsmuster zunächst nicht verfügbar sind. Das Gehirn kann mit

---

[8] *Singer* 2002, S. 144 ff.

neuartigen Konstellationen konfrontiert werden, für die in motorischen Speichern keine Vorlagen vorhanden sind. Somit sind die Verarbeitungszentren [HV] und [IV] gefordert, Varianten der Begegnung zu optimieren und ihre potenziellen Auswirkungen abzuchecken. Ebenso möglich ist, dass die Sensorik über unbewusst bleibende Wege in [GS] verborgene Inhalte des Langzeitgedächtnisses aktiviert und mit neuen Engramminhalten verarbeitet. Als Resultate können sich Erkenntnisse ergeben im Sinne des weiter oben postulierten Targets intellektueller Leistungen.

4.5.2 Denken als Prozess der Optimierung

Fraglich ist es, inwieweit *willentliches Denken* gegeben ist. Eine Deutung wäre, dass analog zu einem auf Handlung ausgerichteten Denkvorgang ein solcher spezifisch auf konzentriertes (weiteres) Denken zustande kommt, im Sinne geistigen Handelns. Wir empfinden ihn, als würde er freiem Willen entsprechen. Grundsätzlich aber ergibt sich ein Denkvorgang jeglicher Art dann, wenn das Gehirn mit Konstellationen konfrontiert ist, denen mit geradliniger – streng vorwärts gerichteter – Verarbeitung nicht begegnet werden kann. Iterative, rekursive Verarbeitungsgänge sind erforderlich. Ihre Zwischenresultate werden auf ihre optimale Eignung zur Problembewältigung überprüft, anhand von Inhalten der Speicher. Letztlich endet der Denkvorgang mit einem Resultat, das ein Optimum repräsentiert – allerdings ein dem individuellen Gehirn entsprechendes *relatives* Optimum. Ein anderes, besser entwickeltes Gehirn kann zu einer Lösung finden, welche der zu bewältigenden Konstellation besser genügt.

Freiheit, *Willkürliches* zu denken ist nach dem Obigen nicht gegeben. Auch nicht die, Unsinniges zu denken, denn Denkvorgänge sind bestimmt vom Erregungszustand des Gehirns; und sie sind Resultate kausaler Bedingungsketten, wie sie schon in den vorangegangenen Abschnitten betrachtet wurden. Die Bearbeitung scheinbar wirrer Denkinhalte hat tatsächlich also ihren jeweiligen Sinn, zumindest aber eine sinnvolle Verursachung. Durch kausale Bestimmung wird das gesunde, intakte Gehirn vor Entgleisung bewahrt – so etwa lässt sich *optimiertes* Denken gegenüber der Verfechtung *freien* Denkens verteidigen.

Die Möglichkeit individuellen Denkens ist also gegeben. Pessimistischer zu beurteilen ist die Frage, ob *Schutz von Denkinhalten* des Individuums gegenüber Zugriff von außen, durch andere Personen gegeben ist. Ist Denken – wie hier angenommen – rein neuronaler Natur, dann bedeutet dies das Auftreten von Korrelaten aller Denkinhalte in Form der in Abschn. 1.6.1 behandelten Ausgleichsströme. Diese aber sind messtechnisch erfassbar. In zunehmend effektivem Wege gelingt dies auf der Basis der EEG-Technologie, unter Anwendung der in Abschn. 1.6.2 beschriebenen Brain/Computer-Interfaces. Sie machen es möglich, Denkinhalte „anzuzapfen" und – potenziell – auch zu missbrauchen – mit Folgen ethischer und juridischer Art, die rasch an Bedeutung zunehmen könnten.

4.5.3 Partielle Bewusstwerdung des Denkprozesses

Das hier vertretene Iterationsmodell unterliegt der Prämisse rückwirkungsfreien Bewusstseins. Das Denken wird also rein neuronal besorgt. Für die *zeitliche Entwicklung der Bewusstwerdung* eines in sich geschlossenen Denkvorganges gilt wahrscheinlich, dass der Kontinuität neuronaler Erregungsvorgänge nur abschnittsweise Bewusstwerdung gegenüber steht, so wie in Abb. 4.6 angedeutet.[9] Bewusstwerdung tritt auf, wenn Signifikanz gegeben ist: beim Einsatz eines Denkvorganges, bei „Events" im Sinne von Zwischenergebnissen, von Blockaden und freilich auch von zufriedenstellenden Erkenntnissen. Nicht bewusst werdende Konsolidierung von Denkinhalten ist sogar während des Schlafes zu erwarten.

Beim Obigen handelt es sich allerdings um eine These, die nicht allgemein vertreten wird. Doch spricht für sie die parallele Organisation des Gehirns. Während beim technischen Computer serielle Abarbeitung gegeben ist, die im Sinne des Multitasking auf mehrere Aufgaben verteilt sein kann, ist es echte Parallelität, die im Gehirn zu finden ist. Denkprozesse im Sinne iterativer Verarbeitungen geschehen also zeitgleich zueinander, während das Bewusstsein alleine auf eine *Einzelthematik* fokussiert zu sein scheint. Das plötzliche Aufkommen einer relevanteren Thematik führt zur Blockade (zum sogenannten Masking) des ersten Inhaltes, zugunsten des neuen.

Im hier vorliegenden Modell wird angenommen, dass einer Bewusstwerdung eine dem Denken entsprechende iterative Erregung vorausgehen muss, die einen ausreichend hohen Grad der Vehemenz erreicht. Im Abschn. 2.1.2 wurde

---

[9] Dem gegenüber geht *Searle* (2004, S. 108) von einem Kontinuum aus, das „bumps and valleys" enthält, was dem hier verwendeten Ansatz letztlich sehr ähnlich ist.

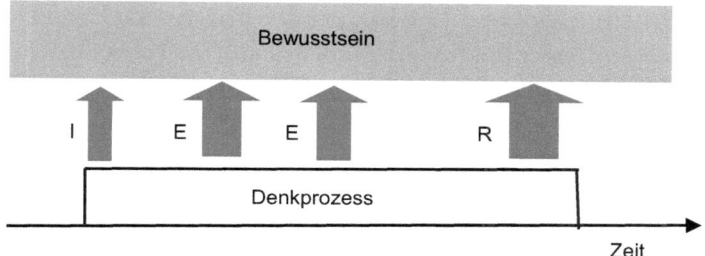

Abb. 4.6 Möglicher Zeitverlauf der Bewusstwerdung eines Denkprozesses. Nach dem hier vertretenen biophysikalischen Modell ergibt sich Bewusstwerdung der neuronalen Erregungsinhalte in beschränkten Zeitabschnitten, bei Erreichen eines ausreichenden Ausmaßes an Vehemenz. Erreicht sein kann sie etwa bei der Ingangsetzung (*I*) des Prozesses, bei Auftreten von signifikanten Events (*E*), wie Blockaden oder Teilerfolgen, und bei erfolgreichen Resultaten (*R*). Dem gegenüber beschreiben dualistische Modelle die Ingangsetzung des Prozesses als vonseiten des Bewusstseins (etwa des selbst-bewussten Geistes) ausgehend, wobei während des Prozesses eine ständige, in beide Richtungen erfolgende, quasi pendelnde Wechselwirkung zwischen Geist und Materie vermutet wird

auf das im Gehirn generell gültige *Prinzip der Kontrastierung* eingegangen (Abb. 2.2). Danach wirkt eine in einer Hirnregion aufkommende vehemente iterative Erregung auf andere Regionen hemmend ein – als Erklärung für die Konzentration des Bewusstseins auf eine einzige Thematik. Gewissermaßen stehen benachbarte Regionen – bzw. auch erregte Engramme derselben – in ständiger Rivalität. Bewusstwerdung eines Inhalts A kann plötzlich kippen, zugunsten eines Inhalts B, der entsprechende Dominanz erzielt. Wir konzentrieren uns auf ein Ereignis A. Plötzlich erfassen unsere

Sinne ein unerwartet aufkommendes Ereignis B. Die Bewusstwerdung kippt hin zu B, ebenso plötzlich aber zurück zu A, wenn sich erwiesen hat, dass B tatsächlich ohne Bedeutung ist.

4.6 Optimierter Wille als Ausdruck des individuellen Ichs

Am Beispiel eines rächenden Killers werden die Faktoren hinterfragt, die bestimmen, ob und wann der vergeltende Schuss fällt. Für das Ob sind die Anfangsbedingungen relevant, d. h. ererbte und erworbene Inhalte der Speicher. Der Zeitpunkt wird durch Randbedingungen bestimmt, d. h. durch aktuelle, sensorisch aufgenommene Stimuli. Die Rache ist das Ergebnis einer Optimierung, in welche das gesamte Ich des Individuums einfließt.

4.6.1 Individualität trotz Determinismus

Nach den Überlegungen der Abschn. 4.3 und 4.4 ist das Nervensystem von voller, langzeitlicher Kausalität getragen. Was bedeutet das für die Freiheit des Handelns? Dazu zunächst ein weiterer Blick auf die Willensbildung. Nach Abb. 3.7 erfolgt sie in den Modulen [HV/IV], die das Denken ausmachen. Sie wirken als Diskriminator dafür, ob und wann willentliche Handlungen eingeleitet werden. Sie können als zeitlich integrierender Puffer interpretiert werden, der im Sinne einer spezifischen Reflexantwort feuert. Die somit generierten Erregungen sind es, die dann willentliches Denken oder Handeln in Gang setzen.

Die Module [HV/IV] werden bedeutungsvoll, wenn wir willentlich beschließen, den Hitzezustand der schon weiter oben diskutierten Herdplatte mithilfe eines Fingers abzuchecken. Die Frage, ob der Test gewagt sein soll, wird beim ersten Versuch einen Prozess des Nachdenkens aufkommen lassen. Nach populärer dualistischer Vorstellung wird ein bewusst gesetzter Prozess freien Willens aufkommen. In Abb. 4.1 wäre dies der punktierte Pfad [B-MV-M], vom Bewusstsein zur motorischen Verarbeitung des materiellen Gehirns und weiter hin zur Motorik. Betont sei, dass dies durchaus der aktuellen Lehrmeinung entspricht. So unterscheidet der Taschenatlas Physiologie[10] bewusste Handlungen von unbewussten „als durch das Mitwirken des Bewusstseins zustande gekommen".

Das hier vertretene Modell hingegen postuliert rückwirkungs*freies* Bewusstsein. Es geht von voller Kausalität aus, voneinander bedingenden, verkoppelten Ketten physiologischer Ereignisse. Vertreter dualistischer Thesen neigen dazu, denen des Determinismus Herabminderung der menschlichen Individualität vorzuwerfen – ja sogar ihre Gefährdung. Kornhuber bezeichnet „ein total determiniertes Leben als automatisches Geschehen, das zwar einfacher, aber auch ärmer wäre".[11] Doch zu einer solchermaßen pessimistischen Einschätzung besteht tatsächlich kein Grund. Nur ein auf voller Kausalität basierendes Gehirn garantiert individuell optimiertes Handeln als Ausdruck des persönlichen Ichs. Derartige Optimierung resultiert in Taten voller per-

---

[10] *Silbernagl* 2007, S. 338. Auch heißt es hier: „Bewusstsein befähigt u. a. dazu, mit ungewohnten und schwierigen Situationen in der Umwelt fertig zu werden".
[11] *Kornhuber* 2007, S. 91.

sönlicher Verantwortung. Sie entsprechen dem individuellen Charakter, der neben positiven Aspekten freilich auch negative aufweisen kann. Zur Illustration sei im Folgenden ein entsprechender Fall konstruiert, der die Vielfalt beteiligter Faktoren verdeutlichen soll.

4.6.2 Wann killt ein Killer?

Als konkreter Fall willentlicher Handlung sei ein drastisches Beispiel einer Handlung gewählt, die mannigfaltige Faktoren umfasst, wie sie unser Tun bestimmen. Am Ende steht eine zwar optimierte, zugleich aber verwerfliche Tat – mit moralisch Gutem ist Optimierung keineswegs gleichzusetzen. Angenommen wird ein Killer, der nach sorgfältiger Planung einem gegnerischen Gangster gegenüber tritt, um ihn zu töten: Aus Rache, mit schon angelegter Waffe, den Finger am Abzugshahn positioniert. Abbildung 4.7 listet Faktoren auf, die das Verhalten des nächsten Moments determinieren könnten. Dabei geht es um Zweierlei:

(1.) Drückt der Killer ab, ja oder nein?
(2.) In welchem Augenblick drückt er ab?

Physiologisch gesehen besteht das Ereignis des Abdrucks darin, dass vom Denkzentrum [HV/IV] ausgehende Neuronen feuern und die Erregungen über [MS-MV-E-M] die Beugung jenes Fingers einleiten, der den Abzug spannt. Hinsichtlich der *bestimmenden Faktoren* (Abb. 4.7) lassen sich zwei Gruppen unterscheiden: Die der Anfangsbedingungen, und jene der Randbedingungen.

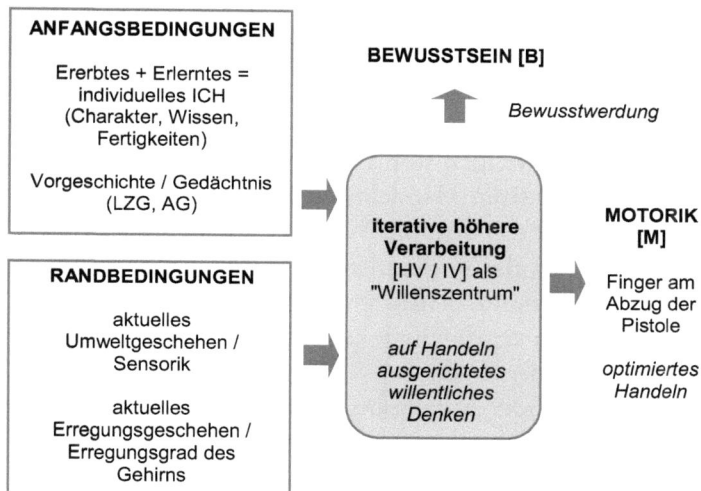

Abb. 4.7 Mögliche, die willentliche Handlung eines Killers bestimmende Faktoren. Sehr schematisch dargestellt sind Hirnbereiche der iterativen höheren Verarbeitung, welche in Richtung der Motorik wirken. An den Eingängen sind Anfangs- und Randbedingungen angegeben, von denen es letztlich abhängen wird, ob und wann die Handlung zustande kommt

Die *Anfangsbedingungen* sind dominant bezüglich der Frage, ob die Tat tatsächlich gesetzt wird. Ererbte Anlagen können Kaltblütigkeit, Rohheit und Hang zur Vergeltung einschließen. Das heißt, sie prägen schon im Kleinkindalter vorhandene Engramme, welche für derartiges Verhalten codieren. Im Laufe der Entwicklung des Menschen können sie verschärfend adaptiert oder ergänzt worden sein, im Sinne von erworbenen Eigenschaften – durch Einflüsse entsprechender Umwelt, durch Erziehung und Tätigkeit in kriminellem Milieu. Zu vermuten sind entsprechende Engramme in den Modulen [HV] und [IV] der höheren bzw. iterativen Verarbeitung. Vom feindlichen Gegenüber optisch oder akustisch generierte, sensorisch aufgenommene Informationen werden somit so verarbeitet, dass sich Tendenzen destruktiven Handelns ergeben – und somit auch zur hier geplanten Tötung. Verstärkt ausfallen kann diese Tendenz durch das Vorhandensein geeigneter Bewegungsmuster in der motorischen Speicherung. Der Killer hat sie angelegt durch regelmäßige Übung und durch Erfahrung im Gebrauch der Waffe.

Entsprechende Anfangsbedingungen werden letztlich auch durch Inhalte der Gedächtnisspeicher gegeben sein. Es handelt sich um ein im Zuge der sorgfältigen Planung der Tat entstandenes Langzeitgedächtnis. Als Beispiel betrifft es verschiedene Varianten zum optimalen Verhalten gegenüber möglichen Konstellationen bei der Begegnung mit dem Gegner. Die letztlich tatsächlich auftretenden Konstellationen werden bestimmen, ob überwiegend erregende oder hemmende Befeuerung des Willenszentrums auftritt, d. h. ob der Schuss fällt, oder eben nicht.

Eher die *Randbedingungen* werden es sein, die den *Augenblick* des Schusses definieren. Dazu zählen die von der sensorischen Verarbeitung gelieferten Inhalte des Arbeitsgedächtnisses bezüglich der zeitlich-räumlichen Entwicklung der Begegnung mit dem Gegner. Relevant mag der globale Erregungszustand des Gehirns sein, wobei starke Erregung die Beugung des Fingers beschleunigen mag – oder auch verzögern, mit Hinblick auf räumliche Kontrastierung (Inhibition entsprechend Abschn. 2.1.2). Der unmittelbare Auslöser des Schusses mag letztlich ein von der sensorischen Verarbeitung kommender Stimulus sein. Der könnte von einem Windstoß herrühren und somit mit der Tat in keiner sachlichen Beziehung stehen, wohl aber in kausaler.

Letztlich stellt sich noch die Frage nach der *Reproduzierbarkeit* der eingeleiteten Handlung. Nehmen wir an, das Gehirn des Killers wird nach der erfolgten Handlung I zu einem späteren Zeitpunkt mit exakt identen Konstellationen nochmals konfrontiert. Ist eine ident verlaufende Handlung II zu erwarten? Nicht unbedingt. Die Konsequenzen der Handlung I ergeben einen Trainingsprozess, der zur iterativen Adaptierung des Gehirns führt. Damit wird die Handlung II zwar durch gleiche Randbedingungen bestimmt, jedoch durch veränderte Anfangsbedingungen. Sie entsprechen einem veränderten (relativen) Optimum. Im Sinne eines evolutionären Lernprozesses ist ein *verbessertes* Optimum zu erwarten. Ob ein zweiter Schuss fällt hängt von den Konsequenzen des ersten ab.

Das Beispiel illustriert, dass optimiertes Handeln ein in komplexer Weise von zahlreichen Faktoren bestimmtes Produkt ist, wobei die *Persönlichkeit* des Handelnden die dominante Rolle spielt. Sein individuelles Ich ist ausgemacht durch die Gesamtheit der Engramme der verschiedenen Module des Gehirns. Sie repräsentieren die Gesamtheit von Prägung, Erfahrung, Wissen und Fertigkeiten als Ausdruck des Individuums. Alle diese Faktoren sind es, die den Prozess des Willens determinieren. Der Tatbestand der letztlich erfolgten Tötung ist somit der vollen Persönlichkeit des Täters zuzurechnen. Wenngleich er nicht mit *freiem* Willen gehandelt hat – mit den gegebenen Anfangs- und Randbedingungen war ein Unterbleiben des Schusses ganz einfach nicht möglich.

4.7 Konsequenzen für Schuld und Strafe

Das Fehlen freien Willens lässt es sinnvoll erscheinen, den Begriff der Schuld durch jenen regel- oder gesetzeswidrigen Verhaltens zu ersetzen. Trotzdem ist Bestrafung gerechtfertigt; allein schon im Sinne der Generalprävention. Das Iterationsmodell lässt aber auch erfolgreiche spezielle Prävention erwarten: Die aus der Strafe für den Betroffenen resultierenden Einengungen beantwortet das Gehirn durch modifizierte Optimierung. Konstruktiv ausgelegte Bestrafung kann somit in dem Regelsystem besser angepasstem Verhalten münden. Unvorhersehbares, „kippendes" Verhalten kann sich für a priori anderen Kulturkreisen angepasste Gehirne ergeben.

Das im vorangegangenen Abschnitt diskutierte Beispiel eines rächenden Killers bringt das Problem von Schuld und Sühne ins Spiel. Dazu seien in den folgenden Abschnitten Überlegungen zur Diskussion gestellt, die sich aus dem hier vorliegenden Iterationsmodell (Abb. 3.7) ergeben, ja sich geradezu aufdrängen. Als Diskussionsgrundlage wollen wir die Österreichische Strafgesetzordnung ansetzen. Nach ihr sollen Strafrechtsnormen dem Bürger eines Landes ein Leben ohne Furcht in Sicherheit gewähren. Dazu definiert der Staat rechtliche Normen, deren Verletzung durch Bestrafung geahndet wird. Für alles Weitere wollen wir voraussetzen, dass Normen vorgegeben sind, welche das Wohl der Bürger in optimaler Weise verteidigen.

4.7.1 Aspekte des Schuldbegriffs

Strafe basiert auf der Feststellung von Schuld, die sich aus der Abweichung von der schon genannten Norm definiert. Die moderne Hirnforschung sieht sich hier in spezifischer Weise gefordert. Aus dem Fehlen freien Willens wird eingeschränkte Verantwortlichkeit abgeleitet und damit das Aufkommen von Schuld relativiert. Eine besonders eingehende Betrachtung der Problematik liegt von Pauen und Roth vor. Die Existenz freien Willens stellen sie nicht wirklich in Abspruch, wenn sie als Resümee ihres Buches folgendes formulieren:

> *Schuldig* wird eine Person dann, wenn sie mit einer selbstbestimmten Handlung die Norm verletzt. Das aber bedeutet, dass die Person imstande gewesen sein muss, die Norm auch einzuhalten, also anders zu handeln. Dass sie es nicht tat, sollte kein bloßer Zufall sein, sondern sich auf die Wünsche der Person zurückführen lassen.[12]

Zweifelsohne handelt es sich hier um ein sehr „elastisch" formuliertes Resümee kompatibilistischer Art. Dies kommt auch zum Ausdruck, wenn Roth in einer anderen Publikation das Folgende formuliert:

> Menschen können im Sinne eines *persönlichen Verschuldens* nicht für das, was sie wollen und wie sie sich ent-

---
[12] *Pauen* 2008, S. 175.

scheiden, und dies gilt unabhängig davon, ob ihnen die einwirkenden Faktoren bewusst sind oder nicht, ob sie sich schnell entscheiden oder lange hin und her überlegten [...][13]

Diese verzeihende Tendenz schwächt Roth mit folgenden Worten ab:

Die Gesellschaft muss sehr wohl in der Lage sein, durch geeignete Erziehungsmaßnahmen ihren Mitgliedern das Gefühl der Verantwortung für das eigene Tun einzupflanzen, und zwar nicht aufgrund freier Willensentscheidung, sondern aus der durch Versuch und Irrtum herbeigeführten Einsicht heraus, dass ohne ein solches Gefühl der Verantwortung das gesellschaftliche Leben nachhaltig gestört ist.

Hier wird das Fehlen freien Willens mit aktiven Funktionen des Fühlens verknüpft. Es handelt sich um eines der vielen Denkmodelle des Kompatibilismus, die mechanistisch betrachtet nicht akzeptabel sind.

Wollen wir uns nun fragen, was das im vorliegenden Text entworfene Modell *optimierten* Willens für die Schuldfrage bedeutet. Zunächst einmal bedeutet es, dass das Individuum von Zufallsprozessen freie, zielgerichtete Handlungen setzt, die ihm in spezifischer Weise entsprechen – seinen ererbten und erworbenen Anlagen. Die Handlung kann unter Berücksichtigung der gegebenen Anfangs- und Randbedingungen nur so und nicht anders ausfallen. Willkür ist nicht im Spiel. Alles, was wir tun, es geschieht nicht aus bloßem

---

[13] *Roth* 2003, S. 181.

Zufall. Es entspricht unseren Wünschen, es sei denn, das Tun ist von der Art eines reinen Reflexes. Dann aber ist unser Tun erst recht ein kausal bedingtes, nicht zufälliges.

Was bedeutet die kausale Bestimmung der Handlung für die zur Diskussion stehende *Schuld*? Hier sollte der Begriff der Schuld zunächst relativiert werden. Schuld wird mit dem Tatbestand die Normen verletzenden Verhaltens definiert. Nun sind die dem Strafgesetz zugrunde liegenden Normen nicht naturgegeben. Sie sind dem jeweiligen Kulturkreis und der in ihm dominanten Religion in subjektiver Weise angepasst. Ja, sie können sich bei Überschreitung einer Landesgrenze plötzlich verändern: Fährt als Beispiel ein rechtschaffener deutscher Autofahrer mit gewohnt hoher Geschwindigkeit über die Salzburger Grenze in österreichisches Territorium ein, so wird er ganz plötzlich zum „Raser" dramatischer Schuldigkeit. Das bedeutet, dass normgerechtes Verhalten nicht angeboren, sondern im Laufe von Erziehung und Entwicklung – angepasst an unsere Umgebung – spezifisch erworben ist. Das bestimmten Umständen entsprechende Verhalten wird in Engrammen abgelegt, die unser Handeln letztlich bestimmen. Die Wahrscheinlichkeit schuldhaften Verhaltens wird mit steigendem Grad der Anpassung an die Norm abnehmen.

Das Obige macht verständlich, dass sich so mancher weigert, normgerechtes Verhalten tatsächlich anzustreben. Andererseits aber ist jede Gesellschaft gezwungen, zum Schutz ihrer Angehörigen, die Einhaltung von Normen durch präventiv wirkende Gesetze abzusichern – bei Berücksichtigung der nationalen Bedingungen und Bedürfnisse. Somit aber hat die Festlegung der Normen subjektiven Charakter, und für verschiedene Kulturkreise fällt sie unterschiedlich aus. Daraus resultieren die heute allzu häufigen Probleme von außerhalb des eigenen Kulturkreises straffällig werdenden Personen.

Nach den obigen Überlegungen ist Schuldhaftigkeit a priori nicht streng objektivierbar. Vor allem das Ausmaß von Schuld wird prinzipiell unterschiedlich bewertet. Nun stellt sich die Frage, ob der Begriff der Schuld nicht grundsätzlich obsolet ist, wenn dem Menschen kein freier Wille gegeben ist. Nach dem hier entworfenen Modell höherer Hirnfunktionen hat ein entgegen bestehender Norm handelnder Mensch tatsächlich keine Alternative an die Stelle einer sträflichen Handlung A eine gesetzeskonforme Handlung B zu setzen. Somit drängt sich auf, den Begriff der „Schuldhaftigkeit" durch jenen der „Norm- oder Gesetzeswidrigkeit" zu ersetzen. Doch löst eine geänderte Begriffsbezeichnung nicht die eigentliche Problematik, normwidrige Verhaltensweisen durch Bestrafung zu verhindern, oder zumindest einzudämmen. Vertreter des Materialismus äußern sich in die Richtung, den Begriff der Schuld zu überdenken und als Konsequenz auch Bestrafung infrage zu stellen.

Zur näheren Erläuterung der Frage, inwieweit ein Rechtsbrecher für sein Tun verantwortlich ist, wollen wir die Umstände betrachten, die sein Fehlverhalten begünstigen können. Betrachten wir dazu das Iterationsmodell nach Abb. 3.7. Wir gehen davon aus, dass ein Teil der den einzelnen Modulen zukommenden Engramme angeboren ist und bereits a priori von der Herkunft des Menschen geprägt ist. Die wesentliche Reifung und Konsolidierung ergibt sich aber erst im Zuge des etwa zwanzig Jahre währenden Prozesses des Erwachsenwerdens. Hier erfolgt eine iterative

Adaptierung der Module im Sinne einer individuellen Optimierung.

Das Iterationsmodell ersetzt freien Willen durch das, was als optimierter Wille bezeichnet wurde. Das individuelle Ich als Persönlichkeit wird in der Gesamtheit der Engramme des Gehirns gesehen. Sie resultieren aus angeborenen Mustern, die im Laufe des Lebensweges modifiziert und konsolidiert werden. Dieses Ich ist Träger der individuellen menschlichen Entwicklung, von in Engrammen angereicherten Erfahrungen, Resultaten des Lernens und Fähigkeiten des Denkens bzw. auch Handelns. Diese Prämisse bedeutet aber, dass das Ich volle individuelle Verantwortlichkeit trägt. Es kann Schuld auf sich laden und kann der Strafe unterzogen werden. Die Verantwortlichkeit liegt also im Ich der Engramme des Gehirns. Insgesamt mag sich das mit dem decken, was Hermann Hesse meinte, wenn er in seiner Erzählung „Klein und Wagner" wie folgend formuliert:

> ... ein ‚Verbrecher', das sagt man so, und man meint damit, dass einer etwas tut, was andre ihm verboten haben. Er selbst aber, der Verbrecher, tut ja nur, was in ihm ist.[14]

Sowohl Herkunft als auch Lebensweg sind de facto streng durch Kausalitäten bestimmt. Aufgrund der zahllosen Einflussparameter entsprechend Abb. 4.4 aber haben sie den Charakter zufälliger Ereignisse. Sie sind es, die unser Handeln im eigentlichen Sinne determinieren. Wenn ein Mensch also letztlich zum Verbrecher wird, dann deshalb, weil die in Abschn. 4.3.2 diskutierten kausalen Bedin-

---
[14] *Hesse* 1971, S. 61.

gungsketten zu diesem de facto zufälligen Resultat führten. Singer brachte dies auf den Punkt, indem er meinte, „der Mensch hätte eben Pech gehabt".[15] Die Beurteilung von Schuld muss dies berücksichtigen, indem jeder Person gleicher Wert – unabhängig von Herkunft und Lebensweg – zugebilligt wird. Moderne westliche Rechtsprechung orientiert sich tatsächlich in weitgehender Weise daran, einem Rechtsbrecher die menschliche Würde zu erhalten. Im Sinne humaner Judikatur wird versucht, Angeklagte nicht zum Unmenschen zu stempeln, selbst dann, wenn es zur Verurteilung gekommen ist. Andererseits hält der Staat daran fest, die Ziele der Prävention konsequent zu verfolgen. Mit dem Modell ist dies voll kompatibel, wie es im Folgenden verdeutlicht wird.

4.7.2 Das Problem der Bestrafung

Für eine Diskussion der *Bestrafung* ist es sinnvoll, zunächst auf die entsprechenden Ziele einzugehen. Ein geradezu klassischer erster Aspekt der Strafe ist durch Sühne gegeben – als Ausgleich, im Extremfall im Sinne von Auge um Auge, wie im Abschn. 4.6.2 diskutiert. Ein zweiter Aspekt ist die Generalprävention, welche zur Abschreckung der Bevölkerung führen soll. Ein dritter Aspekt ist die spezielle Prävention, die eine Besserung des Bestraften zum Ziele hat.

Mit der Tötung seines Gegners lädt der in Abschn. 4.6.2 diskutierte Killer Schuld auf sich, wenn wir ihn an modernen Regeln der Moral bzw. Strafgesetzgebung westlicher Kulturen messen. Sie verlangen nach Strafe, die den Mann

---

[15] *Singer* 2003, S. 65.

hinter Gitter bringt. Die Frage der Rechtfertigung von Strafe wird kontroversiell beantwortet. Es besteht die naheliegende Tendenz, bezüglich der Bemessung der Sühne ein Korrelat zum Ausmaß der Freiheit des Willens herzustellen. Eine breite Diskussion von Pauen und Roth mündet – wie schon oben zitiert – in der Schlussfolgerung, dass Bestrafung für ein Vergehen dann angemessen ist, „wenn die Person imstande gewesen ist, die Norm auch einzuhalten, also anders zu handeln" – ein Fall, der bei Fehlen freien Willens nie gegeben sein wird. In einer früheren Arbeit fordert Roth Beschränkung auf *Androhung* von Strafe (Abschreckung), und Strafe nur, „um das emotionale Erfahrungsgedächtnis zu beeinflussen". Letzteres zeigt gute Verträglichkeit mit den im Folgenden angestellten Überlegungen.

Das im vorliegenden Text vorgeschlagene Iterationsmodell basiert auf *optimiertem Willen*. Die Vorstellung, dass sich Willensbildungen im Sinne der Optimierung an veränderte Bedingungen anpassen, lässt die Prävention als wesentlichsten Aspekt der Bestrafung in positivem Licht erscheinen. Das Modell interpretiert das Gehirn als System, das im Sinne geraffter Evolution eine Optimierung des individuellen Organismus anstrebt. Ein der Gesellschaft – als wesentlicher Teil seiner Umwelt – nicht angepasstes Individuum steht ihr gegenüber in einem kontinuierlichen Spannungszustand, der harmonische Entwicklung beidseitig behindert. Konsequente Bestrafung für Fehlverhalten bewirkt Modifikationen von Engrammen des Gehirns, die zur *Entspannung* zusteuern können.

Nach dem weiter oben Gesagten besteht spezielle Prävention in der individuellen Besserung des schuldig Gewordenen. Die Strafe kann im Sinne eingeschränkter Handlungs- und Bewegungsfreiheit verhängt werden. Doch auch eine Geldstrafe resultiert darin, dass der als schuldig Befundene in seinen individuellen Gewohnheiten eingeschränkt und gestört wird. Das individuell trainierte Gehirn wird diese Störung registrieren. Im Sinne optimierter Problemlösung wird es nach Strategien suchen, den gewohnten Zustand wieder herzustellen. Sinnvoll ausgelegte Strafe ist nun dann gegeben, wenn das Gehirn zu konstruktiven Lernprozessen gedrängt wird – „in die richtige Richtung hin". Anzustreben ist eine kontinuierliche Modifikation von für das Handeln zuständigen Engrammen in Richtung des normgerechten Verhaltens – entsprechend konstruktiver Adaptionen nach dem Modell von Abb. 3.7. Das heißt, das Verhalten als Eingriff in die Umwelt wird von dieser in zunehmender Weise so beantwortet, dass die gewohnte Handlungs- und Bewegungsfreiheit wieder hergestellt wird.

Bei all dem Obigen beschränkt sich die Rolle des Bewusstseins darauf, uns zu vehementer Erregung führende Passagen des Geschehens bewusst zu machen. Eine aktive Funktion ist nicht gegeben. Wir können das Gehirn als lernfähige Maschine betrachten, welche den bestrafenden Eingriffen in optimierter Weise zu kontern sucht. Dass die auferlegte Einschränkung letztlich in normgerechtes Verhalten führt, setzt voraus, dass die Strafe zielführend bemessen ist. So, dass das kognitiv arbeitende Gehirn in der angestrebten Weise reagiert – in Richtung des normgerechten Verhaltens. Plausibel ist, dass übertrieben harte Strafmaßnahmen zum Kippen des regelnden Systems führen können: Statt Konvergenz zum Normverhalten werden Handlungen gesetzt, die darauf ausgerichtet sind, der unangemessenen Strafe bei Verrichtung noch schlimmerer Straftaten zu entkommen.

Ein kritischer Aspekt ist die Bestrafung eines Menschen aus einem fremden *Kulturkreis* samt fremder strafgesetzlicher Normung. Ein Versetzen von einem Kulturkreis A in einen Kulturkreis B – etwa im Sinne von Auswanderung – erbringt das schon erwähnte Problem kulturfremden Reagierens und Handelns. Bezüglich der Bestrafung verschärft sich das Problem dahin, dass eine auferlegte Einschränkung dem kognitiven Verarbeiten des Gehirns zuwider laufen kann. Dies resultiert im oben ausgeführten Prozess des Kippens als scheinbare Entgleisung des neuronalen Systems. Also ergibt sich besonderer Bedarf nach sensibler Anwendung regional festgelegter Normen auf Personen, die einem fremden Kulturkreis entstammen. Aus der Sicht des Modells sollten sie auf ihren Wunsch Gerichten überstellt werden, die ihrer Art des Denkens näher kommen.

Als Schlussfolgerung ist nach dem Iterationsmodell zwar kein freier Wille gegeben – ein Rechtsbrecher hat zum Zeitpunkt seiner Handlung keine Alternative einer rechtskonformen Handlung. Das Gehirn gibt die normwidrige Handlung als die zum gegebenen Augenblick unter den gegebenen Umständen optimale vor. Konstruktiv angelegte Strafe im Sinne der speziellen Prävention ist trotzdem gerechtfertigt, da sie eine Modifikation des Gehirnes verspricht, die in einem der Norm besser entsprechenden Verhalten mündet. Zugleich trägt die Bestrafung zur Generalprävention bei, indem die Gehirne anderer Menschen die nach Rechtsbruch zu erwartenden Einschränkungen bei der Optimierung ihrer Handlungen berücksichtigen werden.

4.8 Optimierung versus Freiheit

Dualisten sehen den Menschen bei Fehlen von freiem Willen als entwürdigt. Tatsächlich besteht nach freiem Willen kein Bedarf. Unser Denken und Handeln würde er verunsichern. Er würde zu zweit- und drittbesten Entscheidungen führen, dort, wo Optimierung gefragt ist. Entwürdigung wird auch in Vergleichen des Menschen mit optimierten Maschinen gesehen. Tatsächlich können – nach seinem Vorbild geschaffene – Maschinen dem Menschen punktuell überlegen sein. Doch universell gesehen ist es der Mensch, dem generelle Überlegenheit zukommt, ganz abgesehen vom Umstand, dass ihm Bewusstsein gegeben ist.

4.8.1 Kein Bedarf an freiem Willen

Das im Abschn. 4.6.2 diskutierte Beispiel eines rächenden Killers demonstriert, dass bei multiparametrisch gesteuerten Willensprozessen für „freien" Willen kein Bedarf besteht; die Tat resultiert in definierter Weise aus den in Abb. 4.7 vermerkten Anfangs- und Randbedingungen. Spontane Eingriffe eines selbst-bewussten Geistes ergäben Verunsicherung, Labilität und Unschärfe dort, wo der Determinismus zur klaren Entscheidung führt – in Verbindung mit klarer Zuordenbarkeit personeller Verantwortlichkeit.

Dualisten bewerten das Fehlen freien Willens im Sinne von Unsicherheit, die das menschliche Handeln mit Risiko belasten würde. Der Evolution des Menschen wäre sie entgegengerichtet. De facto dieselbe Tendenz der Verunsicherung würde aus der Gültigkeit von Modellen jener *Materialisten* resultieren, die – im Sinne von Kompatibilität – Freiheit des Handelns aus quantentheoretischer Unschärfe ableiten wollen. Sie beschwören Komponenten des Zufalls in Willensprozessen. Dabei verkennen sie die daraus resultieren Nachteile bezüglich der Effektivität und Zielgerichtetheit unseres Wollens und Tuns. Mit beruhigender Genugtuung sollten wir zur Kenntnis nehmen, dass alles Handeln von strengem Determinismus getragen ist. Er wirkt als Garant optimierter Entscheidungen.

Zur „besten Entscheidung" ist freilich daran zu erinnern, dass das jeweils erzielte Optimum kein absolutes darstellt, sondern ein individuelles. Unter ident gegebenen Konstellationen setzt ein Gehirn 1 die Handlung A, ein besser entwickeltes Gehirn 2 die Handlung B, welche von einem überlegenen Optimierungsprozess getragen ist. Anzunehmen ist, dass ein früher Höhlenbewohner gravierende Entscheidungen in träg verlaufenden, vermeintlich freien Willensprozessen getroffen hat. Demgegenüber sind neue Generationen „moderner" Menschen durch Spontanität und Dynamik charakterisiert. Die Evolution hat einen Menschentyp geschaffen, der es versteht, komplexe Konstellationen rasch zu verarbeiten und mit spontaner Entscheidung gekonnt zu beantworten. Für frei komponierte Willensprozesse ist dabei a priori kein zeitlicher Spielraum gegeben. Zu erwarten ist, dass der höchst dynamische Umgang mit zunehmend komplexen elektronischen Medien einen weiteren Evolutionssprung begünstigt. Anzunehmen ist, dass der Mensch schon heute aus der Sicht eines Außerirdischen als eine Maschine höchster Komplexität und Intelligenz erscheint – und dies sollte unserer Würde keinen Abbruch tun. Dass dieses multifunktionelle Wesen Mensch zudem mit Bewusstsein ausgestattet ist, bleibt dem Betrachter verborgen.

Die obigen Überlegungen führen uns zurück zum folgenden *Resümee*: Freier Wille ist weder für Denken noch für Handeln gegeben. Was immer wir tun, wir tun es in einer Weise, die von den Engrammen unseres Gehirns bestimmt ist. Aus den Erfahrungen unseres Lebensweges resultieren kontinuierliche Optimierungen der ererbten Engramme im Sinne der in Abb. 3.7 vermerkten Adaptionen. Jedes Tun eines Menschen entspricht der seinem individuellen Gehirnzustand zukommenden bestmöglichen Äußerung auf die aktuell gegebenen inneren und äußeren Umstände. Wir setzen eine Handlung A, weil sie die optimale ist. Ein alternatives Setzen der Handlung B – wie es sogenannter freier Wille verspricht – ist nicht gegeben. Aus der Beurteilungsfähigkeit des individuellen Gehirns heraus wäre sie die schlechtere Variante, also eine weniger günstige.

Als Analogie wollen wir ein modernes, mit exzessiver Elektronik ausgestattetes Automobil betrachten. Im Bordcomputer laufen für jede Millisekunde unseres Fahrens Zustandsinformationen ein – zum Ausstellwinkel der lenkenden Räder, zu Fliehkräften, zum Zustand der Straße und zu vielem anderen mehr. Aus diesen Informationen wird bei sich andeutendem Schleudern in zu schneller Kurvenfahrt die vielversprechendste rettende Maßnahme ermittelt und unverzüglich in Antischleuderreaktionen umgesetzt. Im Sinne einer *Optimierung* erfolgt die dem implementierten Stand der Technik entsprechende *beste* Reaktion. Kaum jemand würde an dieser Stelle an Freiheit der Entscheidung appellieren – an das Setzen einer *zweitbesten* Maßnahme B an Stelle der besten A. So sollte es uns auch mit Genugtuung erfüllen, zu wissen, dass unser Gehirn optimierte Maßnahmen setzt, im Sinne ausschließlich der jeweils besten Entscheidung, unter Ausschluss freier Willkür.

4.8.2 Der Mensch als intelligente Maschine?

Dualisten neigen dazu, Vergleiche des Menschen mit Maschinen – wie eben angestellt – als blasphemisch darzustellen. Der *Mensch als intelligente Maschine* wird als Herabminderung empfunden. Tatsächlich ist eine umgekehrte Argumentation angebracht: Maschinen sind Einrichtungen, die menschliche Fähigkeiten übernehmen – seien es mechanische der Fortbewegung oder intellektuelle im Sinne eines Computerprogramms, z. B. zur optimalen Fremdwortwahl. In beiden Fällen wird man konstatieren, dass die Maschine dem Menschen – in gewisser Hinsicht – ähnelt. Freilich ähnelt der Mensch umgekehrt gesehen der Maschine, was ihn aber nicht entwürdigt. Der Fachbereich der Bionik versucht, menschliche Verhaltensweisen auf das von Maschinen zu übertragen. So werden Merkmale physiologischer neuronaler Netze (NNs) in künstliche neuronale Netze (Artificial Neural Networks; ANNs) übertragen. Während es uns schwerfällt, physiologische NNs in situ zu analysieren, haben wir volle Einsicht in die Funktion der ANNs. Dies verschafft uns wertvolle Möglichkeiten, auf das – wahrscheinliche – Funktionieren menschlicher NNs rückzuschließen.

Vergleiche zwischen Mensch und Maschine sind also durchaus konstruktiv, wenn wir uns vor Augen halten, dass der Mensch einer Maschine *universell* gesehen unendlich überlegen ist – und es wohl auch in aller Zukunft bleiben wird. Punktuell kann er freilich unterlegen sein; Motoren sind kräftiger als Menschen, Sprachcomputer haben höheren Wortschatz. Und bei all dem scheint festzustehen, dass die „Maschine Mensch" mit Bewusstsein ausgestattet ist, als entscheidender qualitativer Unterschied. Freiheit des Handelns kommt weder dem Menschen noch der Maschine zu, beide basieren auf strenger Kausalität und beide bedienen sich Prozessen der Optimierung. Das ist gut so, und es sollte uns beruhigen.

Hier sei noch auf ein häufig vorgebrachtes Argument jener eingegangen, welche das Fehlen freien Willens nicht akzeptieren wollen: Sie führen das von der Mehrheit der Menschen geäußerte Vorliegen *gefühlter* Willensfreiheit an. Zum Zustandekommen dieses „Gefühls" sei eine Hypothese angegeben, die sich der Sprache der Computertechnik bedient: Wie ein PC besorgt auch das Gehirn regelmäßige Kontrollen des eigenen Status. Es vergewissert sich seiner Funktionsfähigkeit bezüglich sensorischer Verarbeitung und Abspeicherung von Informationen sowie von Denken und Einleitung von Handeln. Die in diesem Ausdruck von Fantasie gesetzten Taten übertreffen die der Praxis. Die involvierten Gedankenspiele sind voller Kühnheit, weit entfernt vom tatsächlichen Tun. Mit ihnen wird die Intaktheit der Leistungsmerkmale überprüft. Ist sie gegeben, so wird die *potenzielle* Verfügbarkeit der vielen Freiheitsgrade festgestellt. Das Gehirn kommt zur Erkenntnis, frei verfügen zu können. So mag gefühlte Freiheit des Willens entstehen.

Von dieser potenziellen Freiheit zu unterscheiden ist, wie das Gehirn von ihr Gebrauch macht. Vertreter des Dualismus könnten der Meinung sein, dass der selbst-bewusste

Geist sich der gegebenen Freiheitsgrade willkürlich „frei" bedient. Akzeptieren wir hingegen *optimierten* Willen, so nutzt er – im Rahmen der gegebenen Ressourcen – die breite Palette an Funktionen zur optimalen Umsetzung von optimierten Verarbeitungen und Planungen.

Die Erkenntnis der potenziellen Nutzbarkeit der Freiheitsgrade durch das neuronale Gehirn kann den Tatbestand einer vehementen Erregung erfüllen. Sie repräsentiert das Substrat der Bewusstwerdung im Sinne des Freiheitsgefühls. Tatsächlich verbleiben die wirklich ausgeführten Handlungen aber kausal von Anfangs- und Randbedingungen bestimmt.

4.9 Bekenntnis zur eingeschränkten Freiheit

Handlungen unseres täglichen Lebens verstehen sich zu einem großen Teil als Reflexe, die zu keiner Bewusstwerdung führen. Spontane Entscheidungen nutzen sinnlich Aufgenommenes in Verbindung mit Assoziationen und kurzen, bewusst werdenden Denkprozessen. Freier Wille ist nicht gefordert, und sein Fehlen wird nicht als Mangel interpretiert. Langfristig aufgebautes Wollen und Planen kann als graduelle Adaption unterschiedlicher Gehirnteile interpretiert werden, die auf komplexen Kausalketten basiert.

Wieder einmal gehe ich den schönen Weg entlang und betrachte die beidseits blühenden Wiesenpflanzen .... Die dominante Handlung ist hier das Betrachten und nicht das Gehen. Somit besteht Konsens: Schritt für Schritt wird gesetzt, ohne Bedarf nach freiem Handeln oder Wollen. In langen Jahren vorgefertigte Engramme sind es, die zyklische Folgen von Erregungsmustern generieren, welche die Muskeln der Beine zu ausgeglichenen Kontraktionen bringen. Sensorische Rückmeldungen von Unebenheiten des Weges führen auf schnellen Bahnen zu Erregungskorrekturen (nach Iterationsebene II von Abb. 3.7). Denkvorgänge sind nicht gefordert. Vehemente Erregungsmuster, wie wir sie als Bedingung für Bewusstwerdungen gefordert haben, kommen nicht auf. Und so gehe ich, ohne mir dessen bewusst zu sein. Auch auf den Weg gerollten Steinen weiche ich reflektorisch aus, ohne in der Betrachtung gestört zu sein. Ein Willensprozess ist nicht im Spiel.

Ich beschließe, in einen rechts gelegenen Seitenweg einzubiegen .... Freier Wille ist auch hier nicht gefordert. Vom optischen Bild des Weges kommende Erregungen provozieren Assoziationen zu in Speichern des Gehirns abgelegten früheren Begehungen des Weges; ohne langes Überlegen werden die Schritte nach rechts umgelenkt. Selbst der später folgende Beschluss, umzukehren, ist nur scheinbar von freiem Willen geprägt. Wahre Auslöser sind akustische Signale von fernem Donner, von Sensoren des Magen stammende Signale des Hungers, und das Ergebnis eines kurzen Denkprozesses zur Dauer des Heimwegs.

Die angeführten Beispiele von Handlungen sollen unterstreichen, dass unser Alltag Folgen von Entscheidungen umfasst, die sich zum Großteil als Reaktionen komplexerer Art interpretieren lassen. Dass Freiheit hier tatsächlich nicht im Spiel ist, wird von unserem Gehirn nicht nachteilig bewertet. Eine für die Einschränkung von Freiheit von Dualisten ins Treffen geführte Herabwürdigung des Menschen, etwa im Sinne von Armut des Lebens,[16] kann hier nicht erkannt werden. Das positive Erlebnis der Natur bedarf dieser Freiheit in keiner Weise – die vom Naturliebhaber aufgenommenen sinnlichen Signale werden vom Gehirn positiv bewertet und als Solches bewusst gemacht.

Wir treffen Entscheidungen zu Handlungen des Alltags ohne den Aspekt von Freiheit bzw. Unfreiheit zu hinterfragen. In der Literatur besteht zunehmender Konsens darüber, dass der Mensch dazu tendiert, seine Entscheidungen generell als „mit Freiheit getroffen" einzuschätzen. Das gilt selbst dann, wenn die Entscheidung etwa zwischen Ja bzw. Nein am Ende langer Denkprozesse an der Kippe steht. Nach dem hier vorgebrachten Modell optimierten Willens wird jede Entscheidung als die – bezüglich des vorliegenden Gehirns – individuell bestmögliche getroffen. Von einem derart optimierten System kann grundsätzlich erwartet werden, dass es eigene Leistungen als richtig – da ja optimiert – bewertet. Somit neigen wir dazu, unsere Entscheidungen als richtig zu *empfinden*, zumindest in der unmittelbar darauf folgenden Zeitspanne – bevor wir mit dem Erkennen einer möglichen Fehleinschätzung konfrontiert sind.

Zweifel an unserer Fähigkeit, Entscheidungen frei zu treffen, kommen am ehesten dann auf, wenn über lange Zeiträume verteilte Denkprozesse involviert sind – so wie im Falle der im Abschn. 2.6.2 diskutierten Eheschließung. Im Extremfall kann sich ein *graduell aufgebautes „Wollen"* ergeben, das sich nach dem Iterationsmodell mit langfristiger Adaption III deuten lässt. Als Beispiel kann sich für

---

[16] Zum Beispiel *Kornhuber* 2007, S. 91.

den eingangs angesprochenen Liebhaber der Natur im Laufe von Jahren ein stetig zunehmender Wunsch aufbauen, den Wohnsitz in ländliche Umgebung zu verlegen. Es entsteht ein planender Wille, der sich nicht in Denkprozessen erschöpft, sondern wohl eher zu einer generellen „Modulation" des Gehirns führt. Vor allem wenn die Übersiedlung ein schwer zu realisierendes Fernziel ist, kann sie weite Bereiche des Denkens durchdringen. Anzunehmen ist, dass dabei auch wesensfremde Engramme – solche, die beliebige Aspekte der Lebensführung betreffen können – spezifisch modifiziert werden. Steht die eigentliche Entscheidung dann nach Jahren an der Kippe, so wirkt auch hier kein „freier" Wille. Vielmehr sind es vielschichtige Kausalketten, die integrativ zusammenwirken. Und gerade dann, wenn wir zu sehr wesentlichen Entscheidungen gezwungen sind, wird uns bewusst, dass wir sie nicht mit Freiheit treffen, sondern im Sinne eines komplexen Konsenses. Die derartige Einschränkung der Freiheit empfinden wir nicht als Herabwürdigung unseres Menschseins, sondern wir akzeptieren sie als ein Merkmal unseres – manchmal auch irren wollenden – Gehirns. So wie wir aus Erfahrung auch *akzeptieren*, dass dieses Gehirn letztlich irren kann.

4.10 Schlussfolgerungen zum Kapitel 4

Willentliche Handlungen, solche, deren Zustandekommen wir als willentlich empfinden, werden kontroversiell interpretiert. Dualisten gehen davon aus, dass neuronale Erregungen vom selbst-bewussten Geist wahrgenommen wer-

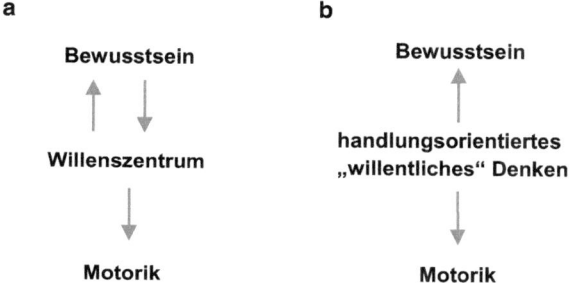

Abb. 4.8 Gegenüberstellung der wesentlichsten Merkmale der Auslösung willentlicher Handlung. **a** Dualistische Interpretation „freien" Willens – etwa bei Ansatz eines „selbst-bewussten Geistes" (nach Eccles). **b** Hier vertretene Interpretation „optimierten" Willens bei rein passiver Beteiligung des Bewusstseins

den und der Letztere mit „freiem Willen" adäquate motorische Aktivitäten generiert (Abb. 4.8a). Der Prozess wäre aber mit großem Aufwand an Zeit verbunden: erstens mit dem des trägen Bewusstwerdungsvorgang von fast einer Sekunde Dauer, und zweitens mit der Handlungsvorbereitung, entsprechend dem Bereitschaftssignal, das sich am Kortex schon mehrere Sekunden vor der motorischen Ingangsetzung messen lässt. Vor allem aber ist mentale Auslösung von Erregungen inkompatibel mit den Gesetzen der Physik, die sich auch im lebenden System als voll gültig erweisen. Weder Quanten- noch Chaostheorie, und auch nicht die mannigfaltigen Ansätze des sogenannten *Kompatibilismus* (s. Glossar) vermögen die Kompatibilität herzustellen.

Handlungen erfolgen also nicht mit bewusstseinsgesteuertem freien Willen, sondern es ist streng *optimierter*

Wille, der sie initiiert. Freiheit im Sinne von Willkürlichkeit ist nicht gegeben. Das Ich denkt und handelt im Sinne seiner individuellen Optimiertheit. Es handelt sich um komplexes Zusammenwirken von ererbten und erworbenen Engrammen, in iterativer Verarbeitung mit Inhalten des Gedächtnisses und der sensorischen Verarbeitung. Der optimierte Prozess wird mit hohem Aufwand geführt, was sekundenlange Verarbeitungszeiten erklärt. Teilweise Bewusstwerdung (Abb. 4.8b) kann schon während des Denkprozesses aufkommen, vorzugsweise aber erst zu Beginn der eigentlichen Handlung und damit nach Beendigung des Bereitschaftssignals.

Dualisten kritisieren die Abrede freien Willens als *Herabwürdigung des Wertes menschlicher Existenz*. Doch Freiheit des Handelns wäre mit Willkür verknüpft, und mit dem bewussten Setzen von Fehlhandlungen. Demgegenüber setzt der kausalen Ereignisketten folgende Willensprozess jene Beantwortung, die einer vorgegebenen Konstellation am besten entspricht: Es kommt zum Ausdruck jener individuellen Engramme, welche die Persönlichkeit und den Charakter des betrachteten Individuums bestimmen und kennzeichnen. An die Stelle von Willkür tritt damit Optimierung, wobei freilich kein absolutes Optimum gegeben ist, sondern ein relatives, wie es der Qualität des betrachteten Gehirns entspricht.

Literatur

Aristoteles (2005) Metaphysik. Philipp Reclam jun., Stuttgart

Eccles JC (1989) Die Evolution des Gehirns – die Erschaffung des Selbst. Piper, München

Eccles JC (2000) Das Gehirn des Menschen. Seehamer, Weyarn

Hesse H (1971) Klein und Wagner. In: Klingsors letzter Sommer. Rowohlt Taschenbuch Verlag, Reinbeck

Jedan C (2007) Aristoteles: Auf dem Weg zum Willensfreiheitsproblem - Kausalität, offene Zukunft und menschliches Handeln. In: Hat der Mensch einen freien Willen? Reclam, Stuttgart

Katz B (1974) Nerv, Muskel und Synapse. Thieme, Stuttgart

Koch C (2013) Bewusstsein – Bekenntnisse eines Hirnforschers. Springer Spektrum, Berlin Heidelberg

Kornhuber HH, Deecke L (2007) Wille und Gehirn. Edition Sirius, Bielefeld Locarno

Pauen M, Roth G (2008) Freiheit, Schuld und Verantwortung. Grundzüge einer naturalistischen Theorie der Willensfreiheit. Edition Unseld – Suhrkamp, Frankfurt am Main

Roth G (2003) Aus Sicht des Gehirns. Suhrkamp, Frankfurt am Main

Sackmann E, Merkel R (2010) Lehrbuch der Biophysik. Wiley-VCH, Weinheim

Singer W (2002) Der Beobachter im Gehirn. Suhrkamp, Frankfurt am Main

Singer W (2003) Ein neues Menschenbild? Gespräche über Hirnforschung. Suhrkamp, Frankfurt am Main

Glossar

Hier seien einige wenige Begriffe präzisiert, die an verschiedensten Stellen des Textes aufscheinen, vielfältige Bedeutung haben, andererseits aber in der bekannten Literatur nicht entsprechend bzw. abweichend definiert sind.

Aktionsimpuls

Allgemein definiert die Literatur den Begriff des sogenannten Aktions*potenzials* zur Beschreibung des an Membranen von Axonen und Muskelzellen aufkommenden impulsartigen Zusammenbruches der Ruhemembranspannung. Das funktionelle Wesen von Erregung und Erregungstransport ist aber nicht durch die Spannungsänderung gegeben – sondern durch den Diffusionsstrom, der sich beim Öffnen von Membranporen plötzlich ergibt. Somit verwendet der Autor den Begriff eines Aktions*impulses* als Synonym für die Gesamtheit des dynamischen Phänomens.

Ausgleichsstrom

Die Literatur verwendet den Begriff zur Beschreibung der schrittweisen oder sprunghaften Fortleitung von „Aktionspotenzialen" entlang von Axonen. Als „Quellen" werden allgemein Membran-Depolarisationen angenommen, die physikalisch betrachtet aber nicht *Ursache* der Ströme sind, sondern funktionell nicht bedeutsame Indizien. Der vorliegende Text zitiert grundlegende Arbeiten des Autors, die aufzuzeigen, dass jegliche Fortleitung oder Ausbreitung von Erregungen über Neuronen und Synapsen hinweg auf

Ausgleichsströmen basiert. In allen Fällen ist die Quelle durch einen Diffusionsstrom gegeben, der aus offen gesteuerten Membranporen resultiert. Nach den Gesetzen der Elektrophysik ergänzt sich jeder Stromfluss zu einem Strom*kreis*, wobei dem Ausgleichsstrom die ergänzende Funktion zukommt. Als Analogie sei an die Funktion eines Generators der Stromversorgung erinnert: Der ins Netz gelieferte Strom entspricht dem Ausgleichsstrom. Zum Stromkreis ergänzt wird er durch den im Inneren der Maschine fließenden Strom. Generiert wird er durch Bewegung im magnetischen Feld, wobei die benötigte Energie z. B. von der treibenden Wasserkraft herrühren kann. Analog dazu rührt die zur Ionendiffusion benötigte Energie vom ATP her, das jene Ionenpumpen betreibt, die zur Aufrechterhaltung der Konzentrationsunterschiede des Extra- bzw. Intrazellulären nötig sind.

Bereitschaftssignal

Ein am Kortex auftretendes elektrisches und magnetisches Signal, das einer als gewollt empfundenen Handlung bzw. ihrer Bewusstwerdung vorausgeht. Der Zeitversatz beträgt etwa eine Sekunde, nach neuesten Publikationen bis zu etwa sieben Sekunden. Interpretieren lässt er sich als die Zeitdauer des der Handlungsplanung entsprechenden Denkvorganges. Für steigende Komplexität der Planung lässt sich eine zunehmende Anzahl iterativer, rekursiv verlaufender Verarbeitungszyklen erwarten, und somit auch steigende Verarbeitungszeit.

Bewusstes Handeln und Denken

Die Literatur tendiert dazu, von *bewusstem* Handeln und Denken zu sprechen. Erkenntnisbringende Diskussionen der Bewusstseins- und Willensproblematik werden damit aber erschwert, weil offen bleibt, ob das Handeln (nur) bewusst gemacht – und also wahrgenommen – wird oder aber im Sinne von Freiheit vom Bewusstsein gesteuert wird. Im vorliegenden Text wird versucht, in konsequenter Weise zwischen Bewusstwerdung und Bewusstseinssteuerung zu unterscheiden.

Engramm

Gemeint ist die „Einschreibung" einer von Erregungen bevorzugt durchlaufenen Bahn in das dreidimensionale neuronale Netz des Gehirns. Einlaufende Erregungen werden in der Bahn geführt durch Synapsen gesteigerter Leistungsfähigkeit, Ausbrüche aus der Bahn werden erschwert durch solche verringerter Leistungsfähigkeit bzw. sogar durch Kontaktverluste. Die Literatur verwendet den Engrammbegriff zur Beschreibung von Gedächtnisleistungen. Das Arbeitsgedächtnis wird mit kurzzeitiger Leistungssteigerung der Transmitter/Rezeptor-Reaktionen gedeutet, das Langzeitgedächtnis mit permanenter, morphologischer Vergrößerung oder Verkleinerung synaptischer Kontaktstellen. Hier wird von einer verallgemeinerten Bedeutung ausgegangen, davon, dass *alle* logischen Verknüpfungen von trainierbaren Neuronen nach dem obigen Prinzip funktionieren – permanent wirksame, durch Vererbung oder Training erworbene, aber auch kurzzeitig aufgebaute, wie sie zur spontanen Problembewältigung notwendig sind.

Evolution

Im engeren Sinn bezeichnet Evolution die Entwicklung von in DNA-Strukturen abgelegter genetischer Information. Im weiteren Sinn formuliert der vorliegende Text die im Laufe eines Lebens aufkommende Entwicklung der engrammatischen Verschaltungen des Gehirns – und damit auch der Persönlichkeit – als einen zeitlich gerafften Evolutionsprozess. Von Ausnahmen abgesehen – etwa Auswirkungen von Strahlenschädigungen – ist nicht das genetische Material involviert, sondern die im Laufe des Lebens aufkommende Modifikation des neuronalen Netzes des Gehirns. Zunächst, bei der Geburt des Lebewesens, sind Engramme durch vorhandenes DNA-Material vorgegeben. Dann aber entwickeln und verändern sie sich durch zahllose innere und äußere Faktoren, deren Auswirkungen freilich durch Expression genetischen Materials unterstützt werden.

Freier Wille
Allgemein sprechen wir von *freiem* Willen, wenn ein Mensch unter bestimmten Konstellationen nach freier Wahl eine Handlung A, oder aber als Alternative eine Handlung B setzen kann. Nach dem hier vorliegenden Modell hat ein Mensch insofern freien Willen, weil sein Handeln nicht von außen bestimmt ist, sondern alleine vom eigenen Ich als Ausdruck der individuellen Persönlichkeit. Die alternative Wahl von A oder B ist aber nicht gegeben. Vielmehr ist jede unserer Handlungen das optimierte Resultat eines Denkprozesses. In Berücksichtigung aller Merkmale der Konstellation bestimmt dieser Prozess – als Ausdruck des Willens – die bestmögliche Handlung, wobei das ermittelte Optimum freilich von der Leistungsfähigkeit des individuellen Gehirns abhängt.

Ich
Im Laufe ihrer Geschichte definiert die Philosophie den Begriff des Ichs in sehr unterschiedlicher Weise. Aktuell besteht die Tendenz, das Ich mit dem Subjekt von höheren Leistungen des Gehirns zu identifizieren, aber auch mit Selbstbewusstsein (Ich-Bewusstsein) und Seele. Aus dem Blickwinkel dieses Textes ist das Ich die Gesamtheit des individuellen Körpers, seiner Äußerlichkeit, der Gesamtheit von im Gehirn abgelegten, ererbten und erworbenen Engrammen, welche motorische und intellektuelle Fähigkeiten, Handeln und Denken bestimmen, und letztlich auch das durch den Faktor Bewusstsein vermittelte individuelle Sich-selbst-Empfinden.

Iteration
In der Medizin steht der Begriff für – krankhaftes – Wiederholen von Lauten oder Bewegungen, etwa bei Demenz. Hier hingegen

wird er im mathematischen Sinne verwendet, d. h. in der schrittweisen Annäherung einer Problemlösung bei Ansatz kontinuierlich verbesserter Näherungen. Optimierter Wille wird so interpretiert, dass die Handlung zunächst in grober Konzeption vorgegeben ist, dann aber schrittweise im Sinne eines Denkprozesses optimiert wird. Bei jedem Durchgang der Verarbeitung können dabei neue Aspekte in die Planung einfließen, woraus letztlich die individuell bestmögliche Handlungsvorbereitung resultiert.

Kompatibilismus
Vertreter des Kompatibilismus versuchen physikalische Kausalbedingungen mit freiem Willen kompatibel zu machen, im Sinne von bedingtem Determinismus. Zur Herstellung der Verträglichkeit dienen zahlreiche, vorwiegend philosophische Modelle. Ihre große Vielfalt mag sich daraus erklären, dass bisher kein Modell allgemeine Akzeptanz gefunden hat.

Materie (unbelebte und belebte)
Eine unterschiedlich beantwortete Frage ist, inwieweit der Materie Bewusstsein zukommt. Der Panpsychismus weist jeder Form von Materie Bewusstsein zu, auch einem unbelebten Stein. Der Materialismus tendiert dazu, hohe Komplexität zu fordern – der Stein bleibt ohne Bewusstsein, einem Computer aber kann Bewusstsein zukommen, ähnlich wie Mensch und Tier als belebter Materie. Der Dualismus weist Mensch und Tier Bewusstsein zu im Sinne eines nichtmateriellen, mentalen Faktors. Der vorliegende Text setzt Bewusstsein als einen physischen Faktor an, welcher der belebten Materie vorbehalten ist. In ihr kommt er auf, wenn bewusstseinsfähige Neuronen gegeben sind. Mikroorganismen, als sehr niedrig entwickelte belebte Materie bleiben damit ohne Bewusstsein. Tiere als hoch entwickelte belebte Materie verfügen über Bewusstsein mit dem Entwicklungsgrad des Gehirns entsprechender Ausgeprägtheit. Das höchst entwickelte Gehirn des Menschen vermittelt höchste

Intensität der Bewusstwerdung, einschließlich des Wissens um das Selbst.

Physik, Physis und Biophysik

Die Literatur neigt dazu, die offensichtliche Nichterklärbarkeit des Bewusstseins an den als bekannt geltenden Regeln der Naturgesetze zu messen. Die Diskussion wird aber durch das Fehlen einer allgemein anerkannten Definition physikalischer bzw. physischer Vorgänge erschwert. Als Beispiel resultierender Diskrepanz wird in *Libet* (2007) das Bewusstsein als *nichtphysischer* Natur beschrieben. Der Umstand der unklaren Belegung wird hier für eine begriffliche Unterscheidung genutzt. Im Rahmen des Textes wird versucht, konsequente Abgrenzungen einzuhalten. Dabei wird davon ausgegangen, dass die Gesetze der Physik in weit gehendem Konsens für die unbelebte Natur formuliert werden, sich aber auch für die belebte Systeme als voll gültig erweisen. Für das belebte System wird als zusätzlich auftretender Faktor das Phänomen der Bewusstwerdung angenommen, und zwar als rückwirkungsfreier Faktor, womit die Gesetze der Physik unangetastet bleiben. Mechanismen der Physik sind für die volle Beschreibung des lebenden Systems somit notwendig, jedoch nicht hinreichend. Als weiterer physischer – oder besser *biophysikalischer* – Faktor fällt Bewusstsein an, das nicht weniger unerklärbar ist, als es die physikalischen Wechselwirkungen sind. Der Faktor Bewusstsein wird dabei nicht als *Produkt* der Evolution gesehen, sondern als eine ihrer Anfangsbedingungen. Bewusstsein und – als Beispiel – Gravitation sind somit gleichrangige Faktoren, unter denen – bzw. mit denen – sich Evolution ereignet.

Willentliches Handeln und Denken

Handeln wird in diesem Text als nach außen gerichtete Aktivität definiert, in Beantwortung von Erregungskonstellationen, denen Neuheitsgehalt zukommt (als Abgrenzung gegenüber Reflexen und Reaktionen). Analog dazu ist das Denken eine entsprechende Aktivität, die innerhalb des Gehirns verläuft. Beiden Phänomenen kommt zumindest abschnittsweise Bewusstwerdung zu. Freiheit des Handelns ist in weitgehendem Konsens dann gegeben, wenn eine Konstellation vom Bewusstsein gesteuert mit einer Handlung A *oder* einer Handlung B (bzw. einer Nicht-Handlung) beantwortet werden kann. In diesem Text wird davon ausgegangen, dass Handlungen *optimierte* Äußerungen des Ichs sind; wobei wir von individuell ererbten Anlagen und erworbenen Fähigkeiten bzw. Kenntnissen den individuell allerbesten Gebrauch machen. Im Sinne zweitbester Äußerungen ist dabei für Freiheit kein Platz gegeben. Freilich ist das Optimum nicht absolut, sondern relativ – je nach Qualität des individuellen Gehirns wird eine vorgegebene Konstellation unterschiedlich (gut) beantwortet.

Epilog – Was vom Leib-Seele-Problem verbleibt

Das Leib-Seele-Problem betrifft die Deutung des als mental angesetzten Teils des Ichs, der menschlichen Seele. Vom strengen Materialismus abgesehen, tendiert die Literatur dazu, das Bewusstsein als *nicht-physisches* Phänomen anzusehen. Tatsächlich aber erlebt der Mensch das Aufkommen von Bewusstsein als Alltagsphänomen – wenngleich nur an sich selbst. Verstehen wir „Physis" in ihrer eigentlichen Bedeutung, nämlich als „Natur", so ist Bewusstsein ein fundamentaler Bestandteil derselben. Es ist ein zutiefst physischer Faktor.

Historisch gesehen hat sich der Begriff der Seele laufend gewandelt, und zunehmend wird er alternativ umschrieben, mit Begriffen wie Geist oder Psyche. Klare Definitionen fehlen. Der vorliegenden Diskussion ist ein lexikalisches Zitat zuvor gestellt. Es macht die Seele für drei Funktionen verantwortlich:

für Fühlen, Denken und Wollen.

Bei näherer Betrachtung – aus dem Blickwinkel der Biophysik – reduziert sich das Leib-Seele-Problem auf nur einen harten Kern. Ein knappes Resümee der drei Funktionen soll dies verdeutlichen:

- Das Denken – Es versteht sich als iterative Problemlösung durch wiederholte Erregung von Engrammschleifen. Es handelt sich um einen Prozess, der physikalisch voll deutbar ist und keiner wie immer gearteten mentalen Komponente bedarf.
- Das Wollen – Es versteht sich als ein auf Handeln ausgerichteter Denkprozess, einem iterativ geführten Optimierungsprozess zur Berücksichtigung der individuellen Eigenschaften des Ichs. Vom Bewusstsein gesteuerter „freier" Wille erweist sich als nicht existent. An seine Stelle rückt „optimierter" Wille, der vom Zusammenwirken neuronaler Erregungsinhalte bestimmt wird. Als das Ziel des Wollens kann ein neuer Denkprozess stehen. Im engeren Sinn aber wird eine nach außen gerichtete Handlung angestrebt. Vollzogen wird sie durch die efferent aktivierte Motorik. All diese Komponenten funktionieren nach physikalischen Mechanismen. Das heißt, dass auch hier für das Mitwirken mentaler Komponenten kein Bedarf gegeben ist.
- Das Fühlen – Diese dritte Funktion ist es, die uns vom Leib-Seele-Problem verbleibt. Erst wenn iterative Erregungen ein hohes Maß an Vehemenz erreichen, dann kommt es zur Bewusstwerdung.

Nach dem hier entworfenen Modell ist der Faktor Bewusstsein ebenso physischer Natur wie der Faktor Elektrizität als Träger neuronaler Erregung. Doch Elektrizität lässt sich experimentell gezielt untersuchen, wobei ein gesamtes Forscherteam Anteil nehmen kann. Bewusstsein hingegen lässt sich nur vom betroffenen Individuum beobachten. Das – und wohl nur dieser Umstand – macht Bewusstsein zum Problemfall; und nicht der Umstand, dass keine Erklärbarkeit gegeben ist. Auch Elektrizität ist zwar beschreibbar und modellierbar, aber nicht erklärbar.

Der Faktor Bewusstsein ist nicht-physikalischer Natur. A priori ist damit sein Nachweis mit nach physikalischen Prinzipien arbeitenden Methoden unmöglich. Bewusstsein zu vermessen würde voraussetzen, dass ein Messprinzip zur Verfügung steht, das selbst auf dem Faktor Bewusstsein basiert. Ein solches ist nicht in Sicht, und so wird das Bewusstsein als Problemfall bestehen bleiben. Doch wahrlich problematisch ist dies in der Praxis nicht. Bezüglich des Funktionierens des Organismus ist Bewusstsein ein funktionsloses Epiphänomen. Für den Menschen als physische Gesamtheit aber ist es eine bedeutende Komponente des Ichs – sie lässt uns am physikalischen Geschehen teilhaben, nach Prinzipien, die uns für immer verborgen bleiben werden.

Zusammenfassung – Das Modell in kurzen Worten

Die moderne Hirnforschung liefert zunehmend genaue *topografische* Beschreibungen zu den spezifischen Leistungen einzelner Bereiche des Gehirns. Demgegenüber stellt der vorliegende Text ein *mechanistisches* Modell zur Diskussion, zu allen höheren Leistungen unseres Gehirns, vom einfachen „Reagieren" bis hin zum problembehafteten „Wahrnehmen" von dem, was im Gehirn vor sich geht. Das Modell beruht auf Iteration, das heißt auf neuronaler Information, die in sich geschlossene Pfade durchläuft. Wiederholter Durchlauf erbringt schrittweise Verbesserung, im Sinne optimierten Denkens und Tuns. Nach der weitgehend universell verwendbaren Abb. 3.7 vollzieht sich die Optimierung auf mehreren Ebenen der Zeit – von sekundenschnellem Handeln bis hin zu lebenslanger Adaption des Charakters und Ichs. Im Folgenden sei das Modell anhand der vereinfachten Darstellung von Abb. A in kurzen Worten zusammengefasst.

Im Zentrum des Modells steht das Gehirn als ein aus hundert Milliarden Nervenzellen aufgebautes *neuronales Netz*. Seine Strukturen sind zunächst ererbter Natur. Im Sinne der eben erwähnten lebenslangen Adaption als Evolutionsprozess verändern sie sich durch erworbene Erfahrungen in kontinuierlicher Weise. Der für das Netzwerk

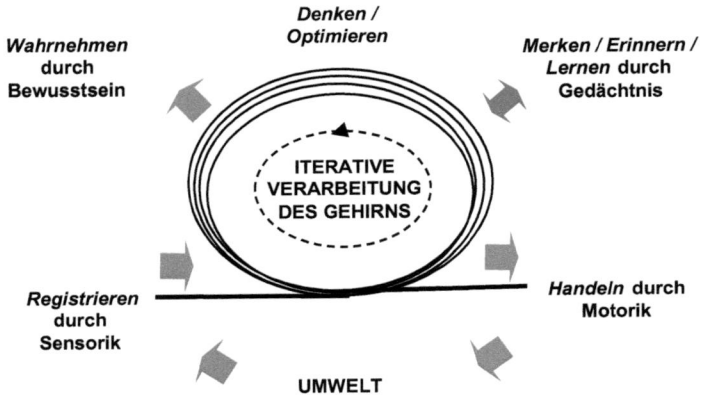

Abb. A Organogramm höherer Hirnleistungen, das die wichtigsten Merkmale des Iterationsmodells nach Abb. 3.7 enthält

typische sehr rasche Informationstransport basiert auf sogenannten Ausgleichsströmen. Sie werden durch die Sensoren unseres Körpers, aber auch durch die zellverbindenden Synapsen ausgelöst. Aus gesteigerter Leistungsfähigkeit hintereinander geschalteter Synapsen ergeben sich *Engramme*. Es handelt sich um in das Netzwerk eingeschriebene Pfade, die in der Physiologie für das langzeitliche Gedächtnis verantwortlich gemacht werden. Der vorliegende Text erweitert den Begriff des Engramms – es wird als Träger beliebiger, gelenkter Informationsweiterleitung angesetzt. Die grundlegenden Funktionen des neuronalen Netzes lassen sich nach einfachen elektrischen, mechanischen und chemischen Mechanismen beschreiben; alles genügt den Regeln der klassischen Physik.

Die Quelle aller Erregung des Netzes liegt in *Sensoren*, Zellen, die auf die Registrierung bestimmter Faktoren wie Druck oder Kälte spezialisiert sind. An der Oberfläche unseres Körpers konzentriert, werden sie vorwiegend von der Umwelt erregt. Die Erregungen laufen in das zentrale Nervensystem ein, und sie werden ja nach Aktualität oder Bedeutung sehr unterschiedlich verarbeitet. Einfachste – und somit auch schnellste – Umsetzung erfolgt bei Auslösung eines *Reflexes*. Dabei werden die sensorischen Signale über einzelne Synapsen in motorische Aktivitäten übergeführt – in Abb. A von links nach rechts, quasi auf geradem Wege. So wirkt ein von der äußeren Umwelt kommender Reiz in Bruchteilen der Sekunde auf die Umwelt zurück. Etwas langsamer erfolgen *Reaktionen*. Sie fallen differenzierter aus, indem die Erregungen auf multisynaptischem Wege vorgefertigte Engramme durchlaufen.

Wird das Gehirn mit Konstellationen konfrontiert, denen es auf vorgefertigtem Wege nicht begegnen kann, so kommt das Phänomen des *Denkens* ins Spiel. Denkprozesse können sich sekundenlang dahin ziehen, was geradlinig nicht interpretierbar ist. Das Modell beschreibt Denken durch iterative Informationsverarbeitung – in der sehr schematischen Abb. A durch eine im Gegenuhrzeigersinn durchlaufene Kreisbahn angedeutet. Die Information durchläuft in wiederholter Weise in sich geschlossene Engrammschleifen, und bei jedem Durchlauf wird sie einer *Optimierung* näher geführt. Die wesentlich gesteigerte Laufzeit entspricht der experimentellen Erfahrung, wonach einer differenzierten Handlung ein sogenanntes Bereitschaftssignal voran geht. Ein entsprechendes EEG-Signal kann mehrere Sekunden dauern – nach dem vorliegenden

Modell umso länger, je mehr Durchläufe zur optimalen Problemlösung benötigt werden.

Relevante sensorische Informationen können im Laufe ihrer iterativen Verarbeitung im Sinne des *Lernens* in Speichern des Gedächtnisses abgelegt werden. In der Folge kann ein Speicherinhalt im Sinne des Erinnerns für einen Denkprozess genutzt werden, wie es im Bild durch einen Doppelpfeil angedeutet ist. Das Modell sieht auch motorische Speicher vor. Sie beinhalten in Trainingsprozessen angelegte Engramme von Erregungsmustern, wie sie für differenzierte Tätigkeiten benötigt werden. Sie können handwerkliche oder sportliche Fertigkeiten unterstützen, oder auch geläufiges Spiel am Klavier.

All die schon genannten höheren Leistungen des Gehirns basieren auf physikalisch beschreibbaren Mechanismen. Und auch ein technisch gefertigter Roboter kann sie erbringen, sofern ihm die entsprechende Intelligenz beigegeben ist. Der hoch entwickelte Mensch berichtet hingegen weitgehend übereinstimmend von einer weiteren Leistung seines Gehirns. Es handelt sich um die *Bewusstwerdung* des Inhalts neuronaler Erregungsprozesse. Das Zustandekommen von Bewusstsein lässt sich experimentell nicht streng kontrollieren. Die übereinstimmende Äußerung spricht aber für sein Vorhandensein. Als routinemäßig auftretendes Phänomen können wir das Bewusstsein als ein zutiefst *physisches* einstufen, indem es ein alltägliches Ereignis der Natur – als der „Physis" – darstellt. Gegenüber *physikalischen* Phänomenen wie Elektrizität oder Gravitation besteht die Tendenz, Bewusstsein als nicht erklärbar hinzustellen. Das hier vorliegende Modell relativiert dies, indem es daran erinnert, dass auch physikalische Phänomene zwar beschreibbar, aber nicht erklärbar sind.

Angemerkt sei, dass Bewusstwerdung hier nicht für beliebige Denkprozesse angenommen wird, sondern nur für solche, die eine gewisse *Vehemenz* erreichen. Das heißt, dass eine ausreichend große Anzahl „bewusstseinsbefähigender" Neuronen in sekundenlange Erregung gerät. Die Literatur neigt dazu, Bewusstsein allein dem Menschen zuzuschreiben, und zwar als ein Produkt seiner Evolution. Dagegen setzt das iterative Modell die oben erwähnten Neuronentypen der Hirnrinde als alleinige Bedingung an. Als der Evolution a priori vorgegebener physischer Faktor ist Bewusstsein damit auch bei Tieren zu erwarten, wobei die Ausgeprägtheit dem Entwicklungsgrad des Lebewesens entspricht.

Nach allen Erfahrungen gelten die Grundgesetze der Physik auch bei Anwesenheit lebender Materie. Daraus resultiert die Schlussfolgerung, dass der Faktor Bewusstsein ohne Rückwirkung auf physikalische Vorgänge verbleibt. Abb. A verdeutlicht dies durch einen in nur eine Richtung weisenden Pfeil: Iteratives Denken führt zu Bewusstsein; hingegen bleibt das Bewusstsein ohne Einwirkung auf den Informationsfluss. Es bleibt ohne Rückwirkung auf das physikalische Geschehen – womit das Modell zu den physikalischen Gesetzen kompatibel wird.

Rückwirkungsfreiheit des Bewusstseins hat ganz entscheidende Bedeutung bezüglich der Frage, ob dem Menschen – oder auch dem hoch entwickelten Tier – freier Wille gegeben ist. *Willensfreiheit* wird so definiert, dass wir unter festgehaltenen Bedingungen eine Handlung A oder eine Handlung B setzen können, oder ebenso gut auf das Handeln verzichten können. Dualisten gehen davon aus, dass die entsprechende Wahl mit Freiheit unter Zutun des Bewusstseins gesetzt wird. Nach dem hier vorliegenden Modell ist derartige Freiheit nicht gegeben. Nach ihm werden willentliche, „wohl überlegte" Handlungen durch einen Denkprozess vorbereitet, der so vehement ausfallen kann, dass er uns mit gewisser Verzögerung bewusst wird.

An der *Handlungsauslösung* hingegen ist das Bewusstsein keineswegs – und schon gar nicht in aktiver Weise – beteiligt. Vielmehr kommt ein optimierender Denkprozess auf. Je bedeutender die angestrebte Handlung, umso öfter wird die in Abb. A skizzierte Optimierungsschleife durchlaufen, und umso aufwendiger gestaltet sich der Prozess. Seine grundlegende Ausrichtung hängt ab von den persönlichen Neigungen unseres von Ererbtem und Erworbenem geformten Charakters. Die Planung der Handlung berücksichtigt konkrete Inhalte von Gedächtnisspeichern mit Erfahrungen von vergleichbaren, früheren Handlungsgeschehen. Letztlich wirken auch aktuelle sensorische Inputs ein, aber auch aktuelle Erregungsgeschehnisse des Gehirns. Aus all dem reagiert *optimierter Wille*, im Sinne einer Handlung, welche die beste aller individuell möglichen repräsentiert. Dies heißt, was immer wir tun, es entspricht dem – aus der Sicht unseres individuellen Gehirns – bestmöglichen Handeln. Freiheit, zweitbeste Handlungen zu setzen, ist uns nicht gegeben. Dies sollte uns zufrieden stellen.

Zum Autor

Helmut Pfützner forscht und lehrt seit 1972 an der Technischen Universität Wien auf verschiedensten Bereichen von Biophysik und Magnetismus. Er ist Autor von „Angewandte Biophysik" (Springer 2003, 2012). Univ. Prof. Pfützner lebt abwechselnd in Bad Gastein, Wien und im griechischen Tinos.

Univ. Prof. Dr. Helmut Pfützner
Institut EMCE – Biosensorik
Technische Universität Wien
Gusshausstr. 27–354
1040 Wien, Österreich
e-mail: pfutzner@tuwien.ac.at

Sachverzeichnis

A
Adaption 156, 166, 167, 247
Adenosintriphosphat (ATP) 46, 73
Affekt 132
Afferenz 7, 156
Aktionsimpuls 13, 19, 24, 29, 30, 253
Aktionspotenzial 12
Albtraum 177
Andersch, Alfred 141
Anfangsbedingung 119, 226, 228, 232
Antike 1
Arbeitsgedächtnis (AG) 69–73, 159–163
Areale des Gehirns 6, 58
Aristoteles 2, 205
Assoziation 76, 122, 246
Ausgleichsstrom 14, 16–18, 35, 36, 143, 253
Axonhügel 13, 24, 143

B
Bahnung 74
Bedingungsketten 205–209
Bereitschaftssignal 91, 135, 137–141, 151, 192–198, 254
Beschreibbarkeit vs. Verstehen 102
Bestrafung 230–234
Bewegungsmuster 228
Bewusstlosigkeit 115
Bewusstsein 4, 84–88, 93–95, 98, 186–188, 221–225
  Berechenbarkeit 107–111
  Berichtbarkeit 85, 192
  Beschreibbarkeit 103
  Dynamik 90
  Erklärbarkeit 103
  Interface 91
  Korrelat 91
  Lokalisierung 86
  Nachweis 85
  Nutzen 117
  Qualität 119, 120
  Quellen 108

Rollen 96
  Rückdatierung 90
  seines Selbst 119, 120
  Sinn 97, 120
  Substrat 85, 112, 114
  Verzögerung 89, 109
  von Robotern 184, 185
  von Tieren 118, 119
  Wesen 84
Bewusstseinsstörung 116
Bewusstwerdung 135
Bieri, P. 111
Bionik 243
Biophysik 102, 105, 123, 146, 258
Biosignal 34–38
Blockade 175
Brain/Computer-Interface (BCI) 38, 221
Breckow, J. 150

C

Chaostheorie 149
Charakter 156, 227, 235
Computer 10, 70, 97, 184, 185, 222, 244
Cotterill, R. 86, 96, 165

D

Dendrit 65, 73
Dendrone 148
Denken 79–83, 95, 112, 114, 156, 158, 159, 162, 216, 254
  im Schlaf 178
  von Robotern 182
Dennett, Daniel C. 108, 110
Der Mensch als intelligente Maschine? 243
Determinismus 5, 140, 152, 224, 241
Diffusionsstrom 14, 17, 22, 23, 143
Dornen 73
Drosselung im Schlaf 176
Dualismus 2–6, 10, 93–97, 136–140, 145, 199, 216, 225, 240

E

Eccles, John 2–6, 93, 94, 216, 225
Edelman, Gerald 97, 98
EEG 3, 34–39, 58, 137, 172–176, 192, 221
Efferenz 156
Elektroenzephalographie *siehe* EEG
Emotion 132
Empfindung von Schmerzen 79
Endknopf 22, 144
Energieerhalt 145
Engramm 63, 66, 67, 128, 207, 229, 235, 238, 246
  im weiteren Sinn 9, 68, 79, 83, 255

Schleifen 197
Epiphänomen des Bewusstseins 120
EPSP (postsynaptische Potenzialdifferenzänderung) 26, 176
Ererbtes 227
Erfahrung 228
Erinnern 75–79
Erregung 143–147
   endogene 25, 175, 207, 219
Erregungsweiterleitung 13
Erworbenes 227
Erziehung 227
Evolution 52, 97, 106, 118, 123, 169, 229, 240, 255
Exzitation (Erregung) 55

F

Falkenburg, B. 105
Fantasie 244
Feld, mentales 111
Felder des Kortex 58
Fertigkeiten 229
Fibrille 30
Fichte, Johann Gottlieb 5
Freiheit 237
   des Denkens 218
   gefühlte 244, 247
Freud, Sigmund 178

G

Gedächtnis
   motorisches 68
Gedächtnisspeicher 156, 228
Gedanken 182, 216–219
Gefühle 133, 168, 232
Geist, selbstbewusster 94, 240
Generalprävention 236, 239
Gesellschaft 233
Gesetze 230–234
   der Physik 95
Glaser, R. 150
Gravitation 102, 103, 106
Großhirnrinde *siehe* Hirnrinde

H

Handeln 33, 129–133, 156, 258
Handlung 134–138
Heisenbergsche Unschärfe 147, 148
Hemmung (Inhibition) 24, 55, 175
Herkunft 235, 236
Hesse, Hermann 235
Hirnforschung 1–5, 154
Hirnleistungen 154–156, 158
Hirnrinde 6, 34, 57, 59, 64, 87, 148
Hirnstamm 58–62
Hobson, J.A. 175
Hoppe, W. 150

Hormon 23, 197, 207
Hypochonder 79

I

Ich 169, 170, 227–231, 235, 256
Ich-Bewusstsein 119, 187
Ich-Wissen 187
Indeterminismus 152
Individualität 224
Inhibition (Hemmung) 55
Intellekt 168
Internet 100
Interneuron 65, 88
Iteration 80, 81, 97, 154, 162, 217, 246, 256
Iterationsmodell 154, 165, 167, 187, 195, 234, 235, 237

J

Jeck, U.R. 5
Jedan, C. 205

K

Kaliumion 24
Kalzium-Einstrom 23, 75
Kalziumpore 143, 144
Kandel, E.R. 73
Katz, B. 26, 75, 206
Kausalität 207–216, 235
Kernspinresonanz 40–42, 44, 46
Kleinhirn 58, 63, 87, 109

Koch, C. 109
Kollaterale 27, 53–57
Kommunikation, molekulare 197
Kompatibilismus 5, 231, 257
Kompatibilität 95, 101–105, 113, 116, 146
Komplexität 97, 99, 120
Konsolidierung 178, 222
Kontraktion der Muskeln 29, 30, 32, 33
Kontrast 56, 77, 91, 114, 177, 200, 207, 213, 223, 228
   örtlicher 55
   zeitlicher 55
Kontrastprinzip 108
Kornhuber, Hans Helmut 96, 137, 139, 148, 153, 225, 247
Korrelat des Denkens 221
Kortex *siehe* Hirnrinde
Kosmos 208, 209
Kultur 120, 138
Kulturkreis 233–237
Kunst 118, 168
Kurzzeitgedächtnis (KZG) *siehe* Arbeitsgedächtnis

L

Langzeitadaption 170

Langzeitgedächtnis
  (LZG) 74, 75, 156, 158, 159, 162, 228
Laufzeit neuronaler
  Signale 25, 196
Leben 185, 186, 206
Lebensevolution 170
Lernen
  im Schlaf 178
Libet, Benjamin 4, 88, 90, 111, 139, 140, 148
Limbisches Zentrum 63, 132, 158

M

Mäntele, W. 150
Magnetfeld des Gehirns 39
Magnetismus vs.
  Bewusstsein 104, 106
Magnetoenzephalographie
  (MEG) 39, 40, 58, 146
Maschine vs. Mensch 152, 240, 241
Materialismus 97–101, 241
Materie 102–106, 257
Maxwellsche Gleichung 109
McGinn, C. 99
Membran der Zelle 14, 16–18, 21–25
Membranpore 18, 19, 22, 143–147
Merken 70–74
Metapräsentation 97, 98

Mikrolokalisation 147
Miniatur-EPSP 26, 176, 206
Modulbild 8
Module
  des Gehirns 9, 155, 168
  des Nervensystems 6, 7
Monismus 136
Motoneuron 13, 27–30
Motorik 8–12, 26–30, 129, 138, 159–163, 199
Muskel 26–30, 32, 33
Muskelspindel 33, 195
Muskelzelle 14
Myelinisierung 196
Myosin 30

N

Natriumion 17, 22, 145
Natriumpore 143
Naturgesetze 142–146
Nervensystem
  peripheres 7
  vegetatives 25, 176
  zentrales 7
Neuron 12–14, 16, 207–211
  bewusstseinsbefähigendes 108–111, 120
Neuronales Netz (NN) 64
  künstliches (ANN) 38, 168, 184, 243
Neuronen-Grundschaltungen 51
NN siehe Neuronales Netz

Normen (Gesetze) 230–234
Nuclear Magnetic Resonance (NMR) 3, 40–42, 44, 46

O

Optimierung 171, 199, 214, 220, 221, 224, 226–228, 232, 237, 240–244, 247
Optimum, relatives 220, 229, 241

P

Panik 114
Panpsychismus 120
Parapsychologie 101
Patch-Clamp-Technik 18
Pauen, M. 85, 231
Penfield, W. 87
Persönlichkeit 156, 169, 229
Pfützner, Helmut 72, 145, 150, 183
Philosophie 1–5, 150
Phosphor-Resonanz 46
Physik 258
 Gesetze 90, 101–105
 vs. Physis 105
Physis 105, 106, 146, 258
Planen 214, 226
Popper, Karl 94, 138, 147
Porensteuermolekül (Tormolekül) 18, 144
Porensteuerprotein 14
Positronenemissionstomographie (PET) 2, 58
Potenzial 12
Potenzierung 75
Prägung 156, 229
Prävention 237–241
 spezielle 237, 239
Problembekämpfung 78
Prozess, chemischer 91, 197
Psychoanalyse 78, 180
Psychophysik 105
Pyramidenzelle 64, 88, 148

Q

Qualia 84
Quanten 207
Quantenphysik 96, 147
Quasi-Gegenwart 212

R

Randbedingung 81, 232
Reaktion 128–132, 156, 164, 200, 215
Reentry 98
Reflex 82, 114, 128–132, 164, 203
Reflexbahn 13
Regelkreis 8
Registrieren 156
Reizung, elektrische 88–92
REM-Schlaf 174, 176, 179
Resterregung 175, 210
Rezeptor 22–26, 28
Rhythmus, circadianer 215
Roboter vs. Mensch 181–185

Roth, G. 58, 87, 98, 99, 105, 117, 134, 151, 232
Rückenmark 6
Rückkopplung 210
Rückkoppplungsschleife 98
Rückwirkungsfreiheit 95, 115–119, 146

S

Schlaf 172–176
Schleifen der Erregungswege 210
Schmerzgedächtnis 68, 79
Schünemann, V. 150
Schuld 202, 230–234
Schulunterricht 77
Searle, J.R. 119, 222
Seele 120
Selbst-Bewusstsein 119
Sensorik 7, 156
Sensorzelle 12–14, 16
Signal
 evoziertes 89
Signale, sensorische 58, 59
Signalverarbeitung des Nervensystems 183
Silbernagl, S. 16, 225
Singer, Wolf 92, 93, 96, 100, 153, 204, 219, 236
Soon, C.S. 138
Spalt, synaptischer 22, 27
Speicher 61, 62
 des Gedächtnisses 75

 motorischer 68, 159, 200, 202–204, 228
Spiegelneuronen 132
SQUID (Superconducting Quantum Interference Device) 40
Strafe 230–234
Strafgesetz 152, 233
Substrat 112
Substrat des Bewusstseins 85, 112, 114
Synapse 13, 14, 16, 20–25, 27, 28, 196
 exzitatorische 24
 hemmende 24
 neuromuskuläre 27
Synapsenverstärkung 67, 73

T

Thalamus 59, 60
Tiefschlaf 174
Tiere, Bewusstsein 118, 119
TOF-Verfahren (Time of Fight) 48
Tormolekül 144
Training 66, 74, 77, 168, 229
Transmitter 22, 23, 28, 143, 197
Traum 172–176
 Inhalte 179–183

U

Uhr, innere 215

Umspeicherung 75
Umwelt,
    Wechselwirkungen 156, 209, 227, 238
Unschärfetheorie 241
Unsinniges 221
Ursache 206–210

V

Vehemenz der Erregung 109, 194, 222
Verantwortlichkeit 235
Verarbeitung
    höhere 156, 158, 159, 162
    iterative 165
    motorische 59, 60
    sensorische 164
Vergangenheit 209
Vergessen, gezieltes 78
Verstehen vs.
    Beschreiben 101–105
Verzögerung
    des Bereitschafts-
        signals 192–196
    des Bewusstseins 192, 197
Vesikel 143, 206
Vetofunktion 139, 151
Vorsatz 215

W

Wachheit 173
Wasserstoff-Resonanz 41, 42, 44, 46
Welt 1, 2 und 3
    (Dualismus) 216
Welten 1, 2 und 3
    (Dualismus) 94–97, 100
Wille 135–139, 149–153, 171, 199, 200, 202, 203, 214, 224, 226–228, 240–244, 256
    optimierter 10, 237
Willensbildung 113, 171, 226
Willensfreiheit 5
    gefühlte 244
Willenszentrum 194, 227
Willkür 213, 221, 232, 243
Wittgenstein, Ludwig 150
Wollen 150, 247
Wunder 101

Z

Zeit 104, 135, 195–197, 199, 200, 203–207
Zelle 14
Zellmembran 16
Zufall 235
Zwischenhirn 58

MIX
Papier aus verantwortungsvollen Quellen
Paper from responsible sources
FSC® C105338

If you have any concerns about our products,
you can contact us on
ProductSafety@springernature.com

In case Publisher is established outside the EU,
the EU authorized representative is:
**Springer Nature Customer Service Center GmbH
Europaplatz 3, 69115 Heidelberg, Germany**

Printed by Libri Plureos GmbH
in Hamburg, Germany